青少年科普图书馆

图说生物世界

鸟类能长四只翅膀吗

——鸟类动物

侯书议 主编

上海科学普及出版社

图书在版编目(CIP)数据

鸟类能长四只翅膀吗 : 鸟类动物 / 侯书议主编. —上海 : 上海科学普及出版社, 2013.4 (2022.6重印)

(图说生物世界)

ISBN 978-7-5427-5608-4

Ⅰ. ①鸟… Ⅱ. ①侯… Ⅲ. ①鸟类—青年读物②鸟类—少年读物 Ⅳ. ①Q959.7-49

中国版本图书馆CIP数据核字(2012)第271699号

责任编辑 李 蕾

图说生物世界

鸟类能长四只翅膀吗——鸟类动物

侯书议 主编

上海科学普及出版社

(上海中山北路832号 邮编 200070)

http://www.pspsh.com

各地新华书店经销 三河市祥达印刷包装有限公司印刷

开本 787×1092 1/12 印张 12 字数 86 000

2013年4月第1版 2022年6月第3次印刷

ISBN 978-7-5427-5608-4 定价:35.00元

图说生物世界

编 委 会

前言

相信大多数人都见过在空中飞翔的鸟，但是，你真正能够叫出它们的名字的又有多少呢?有很多种鸟，我们每天都能看到，或听到它们婉转的叫声，却始终无法叫出它们的名字，这些都会在我们心中留下小小的遗憾，本书的出版可以稍稍弥补这一遗憾。

鸟类家族的成员众多，它们不但拥有世界上最美丽的羽毛，而且还能唱出世界上最动听的歌声。它们中有长着四只翅膀的四翼鸟，有敢给鳄鱼当牙签的牙签鸟，有争强好胜的必胜鸟，有会发出笑声的笑鸟，还有竟然爱吃铁的吃铁鸟……而会学说人话的鹦鹉，恐怕只是我们生活中最常见的一种鸟了。

鸟类有很多本领。灭火鸟可以像消防队员一样灭火；“卡西亚”鸟被称为“植树鸟”，它可以衔起甜柳枝，帮助甜柳树生长成新的小树；鸵鸟可以像牧羊犬一样帮助牧人牧羊；收粮鸟可以帮助农民收粮食；气象鸟可以像天气预报员一样预报天气……

如今，鸟类也被人类赋予了一些文化意义：鸽子象征和平；鸿鹄象征高远志向；喜鹊象征吉兆；白鹤象征长寿……足以看出鸟类在人类心中的位置是多么重要!

总而言之,因为鸟类的存在,我们这个星球变得丰富多彩,人类的生活也更加有趣……让我们随着一下文字,走进鸟类的神奇世界吧!

目 录

鸟类的祖先是恐龙吗

鸟类的六大家族

鸟类家族的冠军

鸟类绝技

趣味鸟

鸟类象征

鸟类给人类科技以启发

鸟类的祖先是恐龙吗

关键词：鸟类起源、始祖鸟、翼龙、槽齿类爬行动物

导　读：关于鸟类的祖先，一说是恐龙家族的翼龙；一说是槽齿类爬行动物。不过至今科学界对于鸟类起源，没有一个确切的结论。

鸟类的起源

1861 年，科学家在德国发现了一种奇怪的动物化石，说它是鸟类，但它的骨骼却像爬行动物，还长有牙齿；说它是爬行动物，它身上却留有长过鸟类羽毛的痕迹。

那么，它到底属于爬行动物，还是属于鸟类呢？因为这种动物身上长有鸟类的羽毛，所以科学家认为它是一种进化不完全的鸟。这种鸟生活在 1.5 亿年前，是世界上最原始的鸟，所以被称为始祖鸟。

始祖鸟不仅有牙齿，翅膀上还长着奇怪的爪子，跟原始的翼龙十分相似，因此，一些科学家就认为，鸟类是由恐龙进化来的。最先提出这一观点的是英国博物学家托马斯·赫胥黎，他是达尔文进化论的最杰出代表。赫胥黎这一观点，在科学界引起了强烈的反响，很多科学家对此观点纷纷表示赞同。

这一观点在当时的科学界非常流行，但到了 1927 年，有些科学家有了不同的观点，他们认为鸟类是由一种槽齿类爬行动物进化而来，这种观点迅速取代了恐龙进化说。但是，到了 20 世纪 70年代，恐龙进化说又成为鸟类起源的主流。

虽然大多数科学家都支持鸟类是由恐龙进化而成的，但少数科学家还是持反对意见。他们用来反驳恐龙进化说的最有力武器就是：为什么鸟类在进化的过程中保留了中间三趾。

在古生物学家看来，兽脚类恐龙（恐龙的一种）在进化的过程中，它们前肢脚趾的退化都是从外侧开始的。最开始的兽脚类恐龙的前肢长了五个脚趾，随着时代的变迁，第四根脚趾和第五根脚趾慢慢退化，直到前肢只剩下三根脚趾。如果鸟类是由恐龙进化而来，那么它们脚趾的进化应该跟恐龙的进化是一样的，可是科学家却发现，鸟类在进化过程中退化的却是第一根脚趾和第五根脚趾，而保留了中间三根。根据这一特点，一些科学家就对恐龙进化说产生了疑问。那么，鸟类的祖先到底是不是恐龙呢？相信随着科学家的不断研究，一定会给我们一个满意的答案。

鸟类的六大家族

关键词：游禽、涉禽、猛禽、攀禽、陆禽、鸣禽

导　读：世界上人类已获知的鸟类有9000多种，中国有1300多种，已经灭绝的大约有120多种。如果按照生态类群分类的话，鸟类可以分为游禽、涉禽、猛禽、攀禽、陆禽、鸣禽六大类。什么是生态类群呢？生态类群就是生态行为（对主要环境因素的反应）相似的生物种群组合。

水上漂——游禽

游禽是一类能够在水中活动的水鸟。这类鸟一般喜欢生活在水边，不管是在海边，还是在内陆的河流边上，或是湖泊边上，都可以

见到它们的身影。

世界上有 70 多种游禽，大多数既善于飞翔，又善于游泳。

有一种游禽叫做军舰鸟，它们的腹肌非常发达，特别善于飞翔，有“飞翔冠军”之称。军舰鸟不仅飞行速度快，而且飞得特别高，能飞到 1200 米的高空。它飞行的

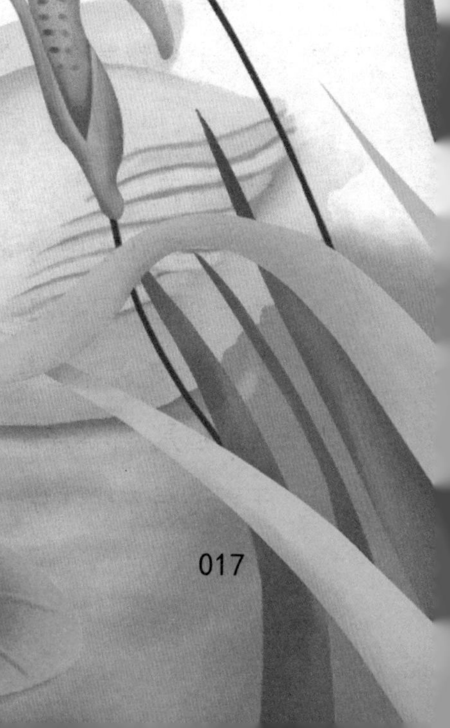

距离也特别长，可以不停地飞行4000多千米。

最神奇的是，军舰鸟不惧怕大风的干扰，哪怕是遇到十二级大风，它们也照样能够安全地飞行、降落。

游禽之所以善于游泳跟它们奇怪的脚趾结构有关。它们的脚上长有肉质的脚蹼，不同游禽的脚蹼也有所不同。有的游禽四个脚趾之间都由蹼连接在一起的，称之为全蹼足，如鸬鹚；有的游禽三个脚趾间有蹼，称之为满蹼足，如大雁；而海鸥类的趾间蹼不是很发达，称之为凹蹼足。

游禽不但可以在水面上自由地游来游去，还能轻而易举地在水中捕捉食物。它们的嘴巴大多是扁形或钩状，具有防滑的作用，方便它们捕食。

大多数游禽无论是在水中活动，还是在空中活动，都表现得十分灵活，但是，一到陆地上就会变得十分笨拙，这跟它们身体的特殊结构有关。

游禽在水中游泳的时候，它们身上的羽毛不会被水浸湿，因为游禽身上的尾脂腺能够分泌油脂。当游禽用嘴将油脂涂抹在羽毛上之后，羽毛就不会沾水了。

但是，那些尾脂腺不发达的游禽怎么办呢？它们只能到岸上晾干羽毛后才能飞翔。

游禽代表：大雁

大雁是一种体形比较大的游禽，成年大雁体重约 6 千克，最大的可达 12 千克。它们的羽毛大多都是灰褐色的，也有白色的，且带有斑纹。大雁是素食主义者，喜欢吃嫩叶、种子等，有时候还会偷吃农民的谷子。全世界共有 9 种大雁，其中 7 种在中国，最为常见的有鸿雁、灰雁、豆雁、白额雁等。

大雁是一种候鸟，每年秋天来临时，会从北方飞往遥远的南方，而在春天来临时，又从南方飞回北方进行繁殖。

大雁在迁徙飞行时常常排成特殊的队形，称之为“雁阵”。雁阵的领头者一般都具有丰富的领头经验。雁队的成员有 6 只，或以 6 的倍数组成，它们的成员大多是自己的家人，也有一些是自己的朋友。

大雁在飞行的时候队形不是一成不变的，一会儿排成“人”字形，一会儿排成“一”字形。它们为什么会变化队形呢?难道只是为了在空中表演吗?事实上，它们是为了节省体能消耗。科学家研究后发现，飞在最前面的大雁的翅膀在空中划过之后，翅膀尖上会产生一种微弱的上升气流，排在它后面的大雁就可以借用这股上升的气流飞行，从而达到节省体力的作用。当领头的大雁疲惫时，它们就变换队形，轮流做领头者，这样每只大雁都可以节约体能消耗。

大雁并不能一口气飞到南方，中途还会停下来休息，寻找一些食物，补充一下能量。湖泊等较大的水域是它们选择停歇的地方，因为那里可以捕捉鱼虾。由于路途遥远，它们每进行一次迁徙，都会经过 1~2 个月的时间才能到达目的地。

湿地神——涉禽

涉禽跟游禽一样，也喜欢生活在浅水边或沼泽地。与游禽不同的是，涉禽的脚趾上没有脚蹼或只有部分脚蹼，所以它们不能像游禽一样在水里游泳。涉禽的腿大多细长，就连脖子和脚趾也都出奇地长。由于腿长，它们在沼泽或浅水中行走，因此，人们才给它们取名为涉禽。涉禽有个奇怪的习惯，在休息时喜欢一条腿站立。

鹭类、鹳类、鹤类和鹬类等都属于涉禽。鹭和鹳长得非常像，很难辨认。不过，我们可以通过它们的飞行姿势来判断。在空中飞行时，鹭类的颈部常常摆出弯曲的“S”形，而鹳类的头部伸得非常直。目前，在中国生活的鹭类有 20 种，其中不少是比较珍贵的，如白鹳、朱鹮等。白鹳是世界珍贵物种，朱鹮是世界濒危物种。朱鹮只有在我国的秦岭地区才能见到。

鹤类长得十分秀美，有着纤细的腿和修长的脖子，“举手投足”间，显得优雅大方，叫起来的声音也十分动听。鹤类的脚趾大多没有蹼，也有个别的长了一点蹼，后趾长得比前面的三个脚趾要高。

鹬类的身材在涉禽中相对矮小，属于中等或小型涉禽。它不但

善于飞行，而且在陆地上跑得也十分快。它们的羽毛通常为沙土色，翅膀比较尖。

涉禽喜欢生活在湿地有两个原因：一是因为那里

有很多它们爱吃的昆虫、鱼、虾、青蛙等动物；二是因为这里有很多高大的水生物，在它们遇到危险的时候可以躲进去。

涉禽代表:丹顶鹤

丹顶鹤因为头上长着红色的肉冠而得名。它有三长:嘴长、脖子长、腿长。丹顶鹤幼鸟的羽毛通常为棕黄色,嘴为黄色,到了2岁时,头顶裸露处的红色会越发鲜艳。成年之后,丹顶鹤的大多数羽毛就会变成白色,只有颈部和飞羽后端为黑色。它的个头比较大,成年丹顶鹤的身长可达1.2~1.5米,如果将翅膀展开可达2米。丹顶鹤每年要换两次毛,春季换成夏天的羽毛,秋季换成冬天的羽毛。在换羽毛时,它们是无法飞翔的。

丹顶鹤既吃荤菜,又吃素菜。荤菜有鱼、虾、昆虫等;素菜有植物的根茎、种子等。它还会根据季节来变换自己的口味。当春天来临时,它就吃草籽和食物的种子;当夏天来临时,它就吃鱼虾、螺丝、昆虫、青蛙等。秋天和冬天主要是以动物为食。

丹顶鹤属于候鸟,在冬天来临或需要繁殖的时候,它就会迁往别处。当然,也不是所有的丹顶鹤都会迁徙。日本的北海道有一种丹顶鹤就不会迁徙,这是因为那里的丹顶鹤留恋当地人给它们喂的食物,舍不得离开。

不要以为只有大雁在迁徙的时候才会排成“人”字形，丹顶鹤成群结队迁徙的时候也会排成“人”字形，而且成 110° 角。

丹顶鹤在我国还有极其重要的文化意义，由于丹顶鹤的羽毛色彩分明，体态优雅，所以很多人都把它们看成吉祥、长寿的象征。另外丹顶鹤也是我国历史上公认的一种文禽，在清朝时期，文臣官服绣制的图案就是丹顶鹤。

战斗机——猛禽

猛禽，顾名思义，就是非常凶猛的禽兽。它们大多有着强大而有力的翅膀，弯曲锐利的嘴、爪和敏锐的眼睛，能像战斗机一样自由地升降，准确无误地捕食猎物。

猛禽可以分为两大类：一类是隼形类，其代表有老鹰和秃鹫；另一类是鸮形类，其代表有猫头鹰。隼形类的翅膀长得又长又尖，使得它们能够快速飞行。鸮形类翅膀又宽又圆，飞行速度不高，但是产生的声音却很少。

全世界目前有猛禽 432 种，其中隼形类有 298 种，鸮形类有 134 种。由于个个都很凶猛，所以只有它们吃其他动物的份，却没有其他动物吃它们的份。它们处在食物链的最顶层，常常捕食鼠、兔、蛇以及其他鸟类等，有时候还吃一些动物腐尸。

所谓“一山不能容二虎”，绝大多数猛禽喜欢独居，只有到了繁殖的季节或在生活环境很困难的时候，它们才会团结在一起去觅食。隼形目的猛禽喜欢在白昼活动，因为白天更能看清楚目标，人们经常在高原上看到它们在空中不停地盘旋，寻找食物。

作为猛禽来说，如果想要得到一顿丰盛的美餐，身手必须敏捷，否则很难抓到食物。为了不挨饿，猛禽们练就了一身飞行绝技。它们的飞行系统非常发达，有助于它们快速飞行。

除此外，大多数猛禽还有悬浮在空中的本领。一些大型的猛禽可以借助空气中的上升气流让自己悬浮在空中，这有助于它们观察地上的猎物。这些猛禽大多具有感知上升气流的能力，一旦感应到气流上升，它们便会伸展双翅盘绕上升。一些小型猛禽虽然不能够像大型猛兽一样借助气流悬浮，但它们也能依靠自己的翅膀和尾羽的配合不停地扇动翅膀，达到悬浮的目的。

猛禽代表:猫头鹰

猫头鹰又被称为枭,它属于鸟纲鸮形目的一种鸟类,由于其头部的羽毛排成一排,像是一个圆圆的盘子,看起来像猫,因此,人们才叫它猫头鹰。

猫头鹰是现存鸟类之中, 在全世界范围内分布最广的鸟类之一。除了北极地区以外,在世界各地均可看到猫头鹰的活动踪迹。我国常见的猫头鹰种类有雕鸮、鸺鹠、长耳鸮和短耳鸮等。

猫头鹰是个夜猫子,大多数喜欢夜间出来活动,白天藏在深林中或屋檐下。不过,也有部分种类如纵纹腹小鸮和雕鸮等会在白天出来活动。

如果让习惯在夜晚出来活动的猫头鹰白天出来活动,它们飞行起来就会摇摇晃晃。这跟它们的视神经有关系。猫头鹰的视觉非常好,能见度是人类的 100 倍。这样好的视力对阳光中的紫外线非常敏感,稍微受到紫外线的照射,就会刺伤眼睛,所以会影响到猫头鹰的飞行。

猫头鹰是肉食动物,主要以老鼠为食,也会吃小鸟、鱼类、蜥蜴、

昆虫等。它在吃食的时候喜欢将整个食物一起吞进肚子里。如果遇到消化不了的骨头、羽毛等残渣，就会在它的体内变成块状的食丸，然后从嘴里吐出来。这种把吃了的东西再吐出来的本领非常神奇。

猫头鹰的视力虽然很好，却是个色盲，只能辨别蓝色。

不过，这并不妨碍猫头鹰猎取食物。它一旦发现目标，就会悄无声息地向目标飞奔而去。当猎物发觉危险来临之际，已经成了猫头鹰的爪下猎物了。

在捕食方面，猫头鹰可以称得上是神捕！

蜘蛛侠——攀禽

攀禽喜欢在树上攀爬。它们每只脚上长着四个脚趾，其中两个向前，两个向后，都有助于它们在树上攀爬。在攀禽中，有帮助树除害虫的啄木鸟，有喜欢吃毛毛虫的杜鹃，还有居住在水边的翠鸟等。

虽然同是攀禽，它们居住的地方有所不同，有的喜欢居住在平原，有的喜欢居住在山沟，有的喜欢居住在悬崖，还有的喜欢居住在水边。

居住地的不同，导致了它们的饮食不同。翠鸟喜欢吃鱼，啄木鸟

喜欢吃虫，而犀鸟喜欢吃果实和种子。因为吃的食物不同，各种攀禽嘴的结构也有所不同。啄木鸟为了能够吃到树里面的虫子，必须把树皮啄开，也练就了一张强健有力的嘴；翠鸟没有啄木鸟那样强健有力的嘴，所以它只能吃一些像鱼一样的软体动物；鹦鹉的嘴十分厉害，它能将坚硬的果壳啄碎；相对于啄木鸟和鹦鹉的硬嘴来说，雨燕的嘴太短小了，只能捕捉空中飞行的昆虫。

攀禽中有些种类除了用双足来攀援外，有时候还会借助第三个支撑点。鹦鹉在攀援的时候，会以嘴当做辅助工具；啄木鸟在攀援的时候，喜欢用羽毛羽轴辅助自己。

正所谓“有得必有失”，它们大多数虽然成了攀爬的高手，却注定成不了飞行的高手。

攀禽代表:啄木鸟

啄木鸟是一种比较常见的鸟,它们的踪迹遍布全世界,在中国常见的有两种:绿啄木鸟和斑啄木鸟。

啄木鸟是森林中非常出色的医生,深受树木的喜爱。它们喜欢觅食天牛、吉丁虫、透翅蛾、蠹虫等对树木有害的虫类,每天能吃掉大约1500条。

由于啄木鸟食量大、活动范围广,在13.3公顷的森林中,若有一对啄木鸟,一个冬天就可啄食吉丁虫90%以上,啄食天牛80%以上。不过,也有一些啄木鸟喜欢吃水果和浆果。

大多数啄木鸟生活在森林中,每天在森林里找害虫,然后将它们吃掉。为了方便自己捉食,它们常将巢穴放在一些枯死的树洞里。

啄木鸟平常不会发出叫声,但并不是因为它们不能发声,只有春天来临时,雄啄木鸟才会发出叫声。这时候,雄啄木鸟首先会建立自己地盘,然后向雌啄木鸟求爱。在求爱的过程中,雄啄木鸟会用嘴在树干上敲打出有节奏的音乐,向雌啄木鸟表达爱意。啄木鸟喜欢独居,只有在繁殖的季节,它们才会成双成对地出现。

鸟类用嘴啄树木，等于人类拿头去撞墙，难道啄木鸟啄树木时感觉不到疼痛吗？科学家研究发现，啄木鸟的头骨是由骨密质和骨松质两种物质组成，这使得啄木鸟的头骨十分坚固；大脑的周围还有一层绵状骨骼，骨骼里面有液体，可以缓冲外部受到的撞击，起到消除震动的作用。不但如此，啄木鸟的脑壳周围还长满了具有减少震动作用的肌肉，能把啄尖和头部始终保持在一条直线上，使啄木鸟在用嘴啄木的时候，头部进行直线运动，这样就不会感觉到疼痛了。

也正是因为如此，尽管啄木鸟每天啄木 1.2 万次，它的头部依然完好无损。

不过；如果啄木鸟在啄木的时候不专心，头部稍微偏离一点，它的脑子就有可能被震成脑震荡。

飞毛腿——陆禽

陆禽大都体格健壮、善于行走，但不善于飞行。对于它们来说，飞行是一件很奢侈的事情。

陆禽的嘴一般短小且钝，腿和脚强壮有力，适合在陆地上挖土寻食。陆禽包括松鸡、金鸡、孔雀等。它们大多是素食主义者，喜欢吃青草、树叶等。由于它们外表美观，所以具有很高的观赏价值。

陆禽代表：孔雀

孔雀属今鸟亚纲，鸡形目，雉科。它还有一个名字叫越鸟。它们主要生活在东南亚、东印度群岛、南亚等地区，通常喜欢群居在热带森林中或河岸边。孔雀属于一种大型的陆栖雉类，长有漂亮的羽冠，雄性孔雀的尾毛很长，展开时像一把扇子。

在我国传统文化中，孔雀占有很重要的地位，被视作吉祥如意之鸟。历代文人对于孔雀的歌赋不胜枚举。其中三国魏时人钟会在《孔雀赋》中如此写道："戴翠旄以表弁，垂绿蕤之森纚。裁修尾之翘翘，若顺风而扬麾。五色点注，华羽参差。鳞交绮错，文藻陆离。丹口

金辅，玄目素规。或舒翼轩峙，奋迅洪姿；或蹀足踟蹰，鸣啸郁咿。"孔雀之美油然而出。

说到孔雀，自然不能不提孔雀开屏。孔雀开屏的原因是什么呢？它是否想传达什么信息？这要孔雀的生存特征说起。

在孔雀家族中，并不是所有的孔雀都能开屏，能开屏的只有雄孔雀，雌孔雀是不会开屏的。孔雀开屏不仅是为了展现自己的美丽，还为吸引异性繁衍后代。

每年的三四月份是雄孔雀开屏次数最多的时候，因为这个时候是孔雀繁殖的季节，雄孔雀体内的生殖腺会分泌性激素，从而刺激大脑，促使它开屏。

雄孔雀在展开美丽的尾屏时，还会做出各种优美的动作，借此吸引雌孔雀。如果雌孔雀相中雄孔雀了，就会跟它走，然后一起产卵，孕育子女。

有时候，孔雀还会为了保护自己而展开尾屏。孔雀的屏上有很多像眼睛一样的斑，这些斑有多种颜色，一旦遇到来不及躲避的敌人时，它就会展开尾屏，并不停地抖动尾屏，发出"沙沙"的声响，让敌人以为它是个多眼怪，敌人就不敢伤害它了；遇到意外惊吓和危险，也能刺激孔雀开屏，这时，它们是为了警告对方不要靠近。

总而言之，孔雀开屏不外乎求偶、示威、防御等因素。

歌唱家——鸣禽

鸣禽属雀形目鸟类，其种类繁多，总计83科。

在鸟类中，鸣禽属于最进化的一个类群。它们生活的地区宽广，能够适应多种多样的生态环境。鸣禽中的大多数种类主要过着树栖生活，也有少数种类为地栖。

由于生态环境、生活地域的差异，它们之间的外部形态、体形特征差异很大，比如小的有戴菊和太阳鸟，大的有乌鸦等。其中，大多数鸣禽属小型鸟类；嘴虽小却十分锋利；脚虽短小但很强悍。

所谓鸣禽者，即这一类鸟的鸣管结构复杂而发达，其中大多数种类具有复杂的鸣肌附于鸣管的两侧，因此善于鸣叫，故得此称。

鸣禽堪称鸟类中的歌唱家，占世界鸟类总数的五分之三。鸣禽中最有名的歌唱家有画眉、乌鸦、黄鹂、灰喜鹊、煤山雀、黑卷尾、毛脚燕、柳莺等。它们的鸣声各具特色，其宛转动人的歌喉为大自然增添了无限生机和靓丽色彩。

鸣禽为什么鸣叫呢？它们之所以鸣叫，除为了吸引异性，还有是告诉其他不受欢迎的鸟类不要靠近它们的地盘。

鸣禽代表:画眉

画眉属雀形目鹟科画眉亚科鸟类，是我国比较常见的一种鸣禽,在江苏、浙江、安徽、湖北、四川、云南、贵州、陕西以及台湾都有它们的踪迹。其中有很多画眉科的种类属于中国独有,因此,中国被称誉为“画眉的王国”。

画眉的上体为橄榄褐色，头和上背都是褐色轴纹,眼圈是白色的,眼上方有清晰的白色眉纹,向后延伸呈蛾眉状的眉纹,它们也因此而得名。

画眉一般体长为24厘米,体重约50~75克。每年春夏季节开始繁衍后代,一窝约产3~6枚卵。其卵通常呈椭圆形,颜色以宝石蓝绿色或玉蓝色为主,还带有光泽,看上去十分漂亮。

除了画眉的外表形态奇特之外,其鸣叫声更有惊奇之处。

画眉堪称鸣禽中的佼佼者,它的叫声不但洪亮,而且婉转悠扬,音域宽广,极富节奏,深受国人喜爱,因此画眉也是我国特有的、驰名中外的笼鸟。

作为笼鸟的画眉，其饲养历史悠久，古代文人雅士、达官贵胄，多养其于室观赏、听鸣。宋代大文豪欧阳修就曾写过一首《画眉鸟》的短诗，赞其道：

百啭千声随意移，山花红紫树高低。

始知锁向金笼听，不及林间自在啼。

大概在欧阳修眼里，还有一丝爱护动物的意识，他认为把画眉圈养在笼子里，怎样鸣叫，也未必有大自然山林里的画眉鸣叫声更动人心魂。

作为善于鸣叫的画眉，既是奇才，也是怪才，堪称鸣禽界的多栖明星，它既有自己的歌喉，也能模仿其他动物的声音，比如其他鸟类鸣声、兽类的叫声以及虫鸣等。不止如此，画眉还能学人说话，其模仿人的声音惟妙惟肖，也是它被圈养笼子里的主要因素。

不过，它有一个坏毛病，就是好斗，如果有敌人胆敢侵犯它的地盘，它会就和敌人拼命。

正因为画眉具有这两个特性，所以有些人要么把它抓进鸟笼当成宠物来赏玩，要么将它培养成斗鸟。

野生画眉不太喜欢白天出来活动，喜欢傍晚时分在山丘灌丛或竹林的树梢枝头引吭高歌，这无疑给黄昏的大自然增添了许多精彩。

鸟类的六大家族

关键词：鸵鸟、蜂鸟、秃鹫、海鸥、尖尾雨燕、丘鹬、苍鹰、信天翁、翠鸟、非洲灰鹦鹉、巴布亚企鹅、北美金鸻、安第斯兀鹫、长尾鸡

导　读：在鸟类家族中，很多鸟具有显著的特征，凭着这一显著特征，使其成为鸟类中的顶尖代表。

三项冠军于一身——鸵鸟

鸵鸟主要生活在非洲东部的塞内加尔、埃塞俄比亚的沙漠地带和荒漠草原，那里是它们的老家。至于中国何时有鸵鸟，历史上无明确记载。不过《唐书·吐火罗传》中有这样一段记载："吐火罗，永徽元年献大鸟，高七尺，黑色，足类骆驼，鼓翅而行，日三百里，能啖铁，俗谓驼鸟。"从记载可以看出，至少在唐代，中国的鸵鸟并不多，还属于珍稀动物，用作贡品。后来，由于人工饲养的原因，鸵鸟开始向世界各地遍布。鸵鸟素喜群居生活，一般 5~50 只生活在一起。只有到了繁殖的季节，雄鸵鸟才会划分地盘。这个时候，如果有其他的鸵鸟闯进它的地盘，它就会发出洪亮而低沉的声音，将那个不速之客赶走。

在所有鸟类中，鸵鸟可以获得三个"冠军"，分别是"体型最大"、" 卵大"、"奔跑最快"。

鸵鸟的第一个冠军是因为个头大而得到的。在鸟类当中，鸵鸟个头最大，所以轻而易举地夺得了"体型最大奖"。 鸵鸟身高可达 3 米，比起"小巨人"姚明的 2.29 米身高还要高出 0.71 米呢。它们

的体重在 60~160 千克之间。鸵鸟的脖子非常长，但没有长毛。

鸵鸟的第二个冠军是因为产的卵很大而获得。虽然鸵鸟的蛋无论从颜色还是从形状上看，跟鸭蛋差不多，但是很少有人会将它们弄混，这其中一个最重要的原因是因为鸵鸟蛋比鸭蛋大很多。一般的鸵鸟蛋长 15 ~ 20 厘米，重量可达 1400 克，称得上是世界上最大的鸟蛋。值得一提的是，鸵鸟的蛋十分结实，一个人站在蛋上面蛋依然完好无损。

鸵鸟的第三个冠军是奔跑冠军。由于生存环境因素，辽阔的荒漠和草原，使其向奔跑方向进化，而其飞行能力逐渐丧失。它的足趾因适于奔跑而趋向减少，是世界上唯一只有两个脚趾的鸟类，而且外脚趾退化，内脚趾变得发达。生活在非洲地区的鸵鸟，奔跑能力十分惊人，一步可以跨越 8 米，时速平均可达到 72 千米 / 小时，能跳跃达 3.5 米高。因此它成为陆地上跑得最快的鸟。

奔跑快对于鸵鸟来说是个好事情，当它遇到敌人的时候，就可以用自己善于奔跑的特长来躲避敌人的袭击。

当然，如果来不及跑也没有关系，它可以把身体蜷缩成一团，以暗褐色羽毛的优势，伪装成沙漠中的石头或灌木丛中，不但能骗过敌人，还可以放松颈部肌肉，消除短暂的疲劳。一旦敌人走远，它就可以站起来逃走。

记忆力最佳的冠军——蜂鸟

蜂鸟大多生活在美洲的加拿大和美国阿拉斯加到火地岛一带。在加拿大西部和美国,最常见的蜂鸟是黑颏北蜂鸟。

蜂鸟是世界上已知最小的鸟类。因此,蜂鸟堪称鸟类中体型最小的冠军。

那么,它到底有多小呢? 蜂鸟大约有 5 厘米长,体重大约有 2 克,和一枚硬币一样重。蜂鸟的嘴巴如一根针那么细,舌头就像一根线,两只小眼睛闪动起来,像两个小黑点。

蜂鸟虽然小,但体态非常轻盈。它的羽毛一般为蓝色或绿色,下体颜色比较淡,看起来很华美。为了不让尘土沾染它那美丽的羽毛,它整天飞行在天空。蜂鸟“人小鬼大”,会的飞行方式可不少。它可以上下飞、侧飞,也可以倒飞,甚至还能原位不动地停留在花前采食花蜜。蜂鸟的飞行本领高超,所以被人们称为“神鸟”、“彗星”、“森林女神”和“花冠”。我们很难想象,一只那么小的鸟,竟然可以飞到四五千米的高空。

别以为蜂鸟体形小,谁都能欺负它,它可不是好惹的!

有一种叫尖啄蜂鸟的蜂鸟，非常凶猛，如果有谁胆敢欺负它，即便敌人的身体比它大20倍，它照样敢于还击。当敌人欺负它的时候，它就会飞到敌人身上，用它那像针一样的小嘴，不停地啄敌人的身体，让敌人有种被针扎的疼痛，直到蜂鸟的气消了才会停止。

除了体形小以外，蜂鸟还有个特长就是记忆力非常好。有一种蜂鸟叫蓝喉蜂鸟，它的记忆力非常出色。

科学家研究发现，这种蜂鸟不但能够记住自己曾经吃过什么种类的食物，还能记住在什么时间、什么地点吃的！有了如此超凡的记忆力，它就可以飞遍万水千山，尝遍自己没有尝过的食物。此外，它分析判断的能力也很强，能记住花朵开花的时间，然后根据时间来采食花蜜。

蜂鸟惊人的记忆力引起了科学家的好奇心，科学家决定对蜂鸟进行一番研究，试图找出蜂鸟记忆力强的原因。经过研究发现，蜂鸟在冬天的时候需要飞往温暖的南方过冬天，在春天的时候返回，由于它的身体很小，需要飞很久，如果这样年复一年地飞来飞去，会浪费它很多时间，所以在进化的过程中它就形成了超强的记忆力。它能分辨出八种不同种类的鲜花的花蜜分泌的规律，等哪种鲜花花蜜分泌的时间点到了，它便会去食花蜜，这样不但快捷，还很节省时间。

飞行最高的冠军——秃鹫

秃鹫又叫秃鹰、座山雕，它主要生活在地中海盆地至东亚地区，冬天还会到印度、缅甸、泰国等地过冬。有的居住在海拔2000~5000米的高山上，有的居住在平原上，还有的居住在森林中的岩石上。它的体型很大，约1.1米长，体重可达7~11千克，算得上高原上体格最大的猛禽了。秃鹫虽然体型庞大，可是在飞行高度领域，秃鹫是当仁不让的冠军。它的最大飞行高度达9000米。

别看秃鹫能够飞得高，体型高大威猛，但是它经常去荒山野岭

上捡动物腐烂的尸体吃。因此，秃鹫被冠以“草原上的清洁工”的美称。

如果秃鹫只局限于吃动物的腐尸，那么在没有死尸可吃的情况下，岂不是要饿死！为了不挨饿，它也会主动捕食一些中小型兽类。

秃鹫捕食非常有趣，一旦发现目标，它会采取“敌不动，我不动”的策略。如果对方不动，秃鹫就会一直盘旋在空中，这种情况有时候可持续 2 天左右。如果动物 2 天还不动，秃鹫就开始着急了，然后会换一种策略。它首先会飞得低一些，近距离观察对方。如果对方的腹部没有起伏，眼睛没有转动，秃鹰就会逐渐靠近目标。秃鹫十分谨慎，走进目标之后，它不会迫不及待地动手，以防上当受骗，它会一边做好随时飞走的准备，一边用嘴啄对方，如果对方没有动静，它才会安心地去吃。

秃鹫之间也经常抢食。在抢食的时候，它们身体的颜色会发生变化。在正常情况下，秃鹫的面部是暗褐色的，脖子是铅蓝色的。当它啄食动物尸体的时候，面部和脖子会变成鲜艳的红色，意在警告其他秃鹫不要靠近。如果有不知趣的秃鹰前来争食，它又打不过人家，面部和脖子马上从红色变成白色。看着别人把它的食物夺走之后，它的面部和脖子也变得更加红了。只有等它变得心平气和之后，才会变回原来的颜色。

飞行最远的冠军——海鸥

在我们的印象中，从南极到北极是一段非常遥远的距离，如果说有鸟能从南极飞到北极，这简直是一件难以想象的事情。可是有一种鸟却做到了，这种鸟便是海鸥。从南极飞到北极不过 1.26 万千米，而海鸥最远行程可达 1.76 万千米。由此可见，海鸥是当之无愧的飞行最远的冠军。

海鸥是鸥鸟的一种，它们的体形在鸥鸟当中处于中等。海鸥一般生活在欧洲、亚洲至阿拉斯加以及北美洲西部，身长约 44 厘米，体重达 0.5 千克，寿命可达 24 年。

海鸥身姿娇美，身体下部的羽毛洁白如雪，脚淡粉红色，嘴黄色还带有一点红斑，十分惹人喜爱。

正是因为海鸥洁白如雪的羽毛十分美丽，一度给它招来杀身之祸。

20 世纪中叶，欧美国家上层社会的贵妇人，都比较喜欢戴用海鸥的羽毛做成的装饰品。于是，一些猎手为了谋取高额利润，就大肆捕杀海鸥，摘取羽毛，以至于海鸥差点灭绝。

海鸥的食物常以鱼虾、蟹、贝为主，除此以外，它们还经常拣食船上渔民的残羹剩饭，因此，海鸥也有着“海港清洁工”的荣誉称号。

海鸥也是海上航行安全的“指导员”。根据海鸥经常出现在浅滩或暗礁周围的习惯，航海者就能分辨出那里是否有暗礁，可以大大减少船只触礁。

海鸥有沿港口出入飞行的习惯，每当航行迷途或大雾弥漫时，船员观察海鸥飞行的方向，就可以找到港口了。

海鸥还可以预报天气。如果海鸥贴近海面飞行，那么未来的天气将会晴好；如果它们在海边徘徊，那么天气将会逐渐变坏；如果海鸥离开水面，高高飞翔，成群结队地从大海远处飞向海边，或成群的海鸥聚集在沙滩上或岩石缝里，则预示着暴风雨即将来临。

飞行最快的冠军——尖尾雨燕

尖尾雨燕是一种小型的攀禽，它跟我们平常见到的燕子有着明显的不同，我们常见的燕子是鸣禽，而尖尾雨燕是攀禽。除此之外，尖尾雨燕的四个脚趾全部朝前，而普通的燕子的三个脚趾朝前，一个脚趾朝后。

尖尾雨燕一般生活在北半球，在美国经常能够见到它们美丽的身影。尖尾雨燕的羽毛长得十分紧密，而且大多都是暗淡或有光泽的灰色或黑色。它轻易不落在平地上，因为落在平地上就很难再飞起来了。

尖尾雨燕是世界上飞得最快的一种鸟，飞行的平均速度为每小时 170 千米，最快时可达每小时 352.5 千米。尖尾雨燕为什么能飞得如此之快呢？这跟尖尾雨燕特殊的身体结构有着密切的关系。尖尾雨燕的头很小，尾巴尖尖的，这在一定的程度上能够帮助它减少空气的阻力，它才能飞得更快。

值得一提的是，尖尾雨燕对待感情十分专一，在鸟类中堪称模范夫妻。

飞行最慢的冠军——丘鹬

在众多鸟类当中，飞行最慢的当属丘鹬。

丘鹬又被称为山鹬或大水鸷，它是一种喜欢生活在海岸、沼泽和山川河流等地的候鸟。丘鹬上身是锈红色的羽毛，其间还夹杂着黑色或黄色横斑；下体是白色的，夹杂着暗色横斑。丘鹬的个头不大，成年丘鹬的身长约 35 厘米，体重约 300 克。

丘鹬喜欢独栖，白天它像一位“隐士”，躲在混交林和阔叶林中，很少飞出，只有当黄昏或天刚刚亮时，它才变得异常活跃，到森林附近的湿地、湖畔、河边和沼泽地上觅食。

由于丘鹬的个头不大，还特胆小，很多人都认为它的“身手”特别敏捷，然而，事实并非如此。丘鹬的“身手”并没有我们想象的那么敏捷，相反，它是鸟类飞行中最慢的一种。如果让丘鹬与飞行最快的尖尾雨燕举行一场飞行比赛，等于是一场乌龟和兔子的赛跑了。丘鹬的平均飞行速度约每小时 8 千米，尖尾雨燕的飞行速度比丘鹬快 20 倍，如果丘鹬飞了一步，尖尾雨燕已经飞出 20 步了。

丘鹬不但跑得慢，而且对待感情也不专一。古人奉行一夫多妻制的婚姻制度，没想到，丘鹬也是如此。每当夕阳西下的时候，雄丘鹬就会发出叫声来吸引雌丘鹬的注意，雌丘鹬听到雄丘鹬的叫声后就会被吸引过来，并与雄丘鹬结成夫妻，繁殖后代。丘鹬的巢穴是利用灌木根旁的枯枝落叶堆集而成。丘鹬每窝会生下 3～4 枚鸟蛋，经过 22～24 天之后，才能被孵出来。

雏鸟孵出来之后，丘鹬妈妈会呆在巢内非常小心地保护着它们。一旦遇到危险，丘鹬妈妈会用两条腿夹住雏鸟，将雏鸟从巢穴中带走，转移到一个安全的地方。丘鹬的这种保护雏鸟的方式是很多鸟类都无法做到的。

短距离飞行最快的冠军——苍鹰

有些鸟短距离飞行很快，有些鸟长距离飞行很快，就像有人善于 100 米短跑，有人善于 42.195 千米的马拉松长跑。接下来我们要介绍的就是短距离飞行最快的冠军：苍鹰。

苍鹰居住在北半球温带森林和寒带深林中。它身长约 60 厘米，翅膀展开约有 1.3 米，体重约 1.35 千克，寿命可达 19 年。苍鹰是森林中食肉类的猛禽之一，主要以鸽子、野兔、松鸡、老鼠等为食，有时候还会吃狐狸。

苍鹰是一种擅长短距离飞行的鸟，它飞行的速度非常快，每小时能飞行 600 千米。如此快的飞行速度给它的扑食效率加了很多分。它一旦发现目标，就会快速出击，朝着猎物猛扑上去，用一只脚上的利爪刺穿小动物的胸膛，再用另一只脚上的利爪剖开小动物的腹部，先吃掉鲜嫩的心、肝、肺等内脏部分，再将鲜血淋漓的尸体带回栖息的树上撕裂后啄食。

苍鹰捕食讲究的是猛、快、准、狠，所以一般被苍鹰看上的猎物，很少能有能从它手中逃脱的。

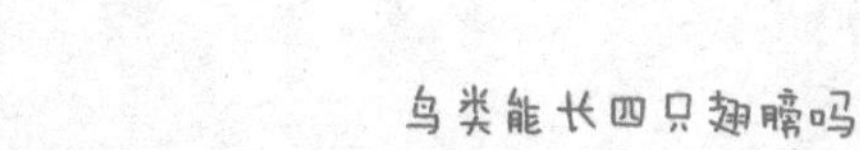

寿命最长的冠军——信天翁

信天翁在鸟类平均寿命中是最长的，一般在60年左右。信天翁每年只产一枚卵，不但是鸟类中产卵最少的鸟，孵化期也最长，一般需要75~82天。

信天翁主要生活在北太平洋和加拉帕戈斯群岛等地，在中国沿海地区也能看到它的踪迹。

信天翁身长95厘米左右，全身都是白色，头顶是黄色，翅膀和尾巴都是灰褐色，体重可达8千克。信天翁的翅膀最长可达3.6米，它也是世界上翅膀最长的鸟类。

信天翁喜欢夜间出来活动，不但可以在天空飞翔，还可以在水里游泳。当然了，它也可以在陆地上行走。它的体型虽然很大，但飞行起来却毫不费力。

它能够不扇动翅膀在天空滑翔几个小时而不感到疲惫。为什么会这么神奇呢？据科学家研究发现，信天翁身上长着一片特殊的肌腱，可以将翅膀固定，进而能够达到减少体能消耗的作用。在有大风的时候，信天翁能够逆风飞行。不过，信天翁在起飞的时候，像飞机

一样需要助跑，有时候甚至需要在悬崖的边缘跳下去才能起飞。由于身体之大，在没有风的情况下，它笨重的身体飞不起来，它就会去水面上玩耍，因为它也喜欢浮在水面上。等它渴了，就会喝湖里的水。

信天翁常常吃动物腐烂的尸体。在大海上，它也经常去吃船员们扔在船上的废弃物。它也会捕食，捕捉的食物一般是乌贼、鱼等。有时候，为了捕捉食物，它还会潜入深达 12 米的海水里。它喜欢在夜间出来寻找食物，因为夜晚很多小动物都会浮出水面。

人类在求爱的时候，一般喜欢拿一束玫瑰花。信天翁求爱的时候，喜欢给对方唱支“咕咕”歌。它可以一边唱歌，一边很有绅士风度地向心上人弯腰鞠躬，有时还会把嘴伸向天空，向对方展示自己优美的曲线。两只信天翁一旦结为夫妻，就会终身相伴。

一些迷信的水手对信天翁都很敬畏，因为在他们看来，信天翁就是不幸葬身大海的同伴的亡灵再现，如果谁杀死了信天翁，必然会招来杀生之祸，所以这些水手从来不捕杀信天翁。

寿命最短的冠军——翠鸟

翠鸟,又称为鱼虎、鱼狗、钓鱼翁、钓鱼郎、拍鱼郎等,它是攀禽家族中的一员,是一种非常漂亮的鸟,背部和面部的羽毛都是翠蓝色的,也正因为如此,人们才给它取名字“翠鸟”。它喜欢站在芦苇上,远远看去,很像啄木鸟。

在西方国家,翠鸟象征幸福。在中国,翠鸟种属有 3 种,分别是斑头翠鸟、蓝耳翠鸟和普通翠鸟。普通翠鸟在中国分布地区较广,较

为常见。它们主要生活在我国的中部和南部地区，是典型的“留鸟”，也即它们长期栖居在生殖地域，不作周期性迁徙。

翠鸟喜欢吃鱼虾，为了方便自己捕食，它就将自己的巢穴建在水边的沙坡上。巢穴是它用嘴一点一点地凿出来的。待它打算生儿育女的时候，就会在巢穴里铺些鱼鳞或鱼骨。

作家菁莽在《翠鸟》一文中这样写道：

翠鸟喜欢停在水边的苇秆上，一双红色的小爪子紧紧地抓住苇秆。它的颜色非常鲜艳。头上的羽毛像橄色的头巾，绣满了翠绿色的花纹。背上的羽毛像浅绿色的外衣。腹部的羽毛像赤褐色的衬衫。它小巧玲珑，一双透亮灵活的眼睛下面，长着一双又尖又长的嘴。

翠鸟鸣声清脆，爱贴着水面疾飞，一眨眼，又轻轻地停在苇秆上了。它一动不动地注视着泛着微波的水面，等待游到水面上来的小鱼……

这就是可爱的翠鸟的生活习性。不过，有一点遗憾的是，翠鸟在众多鸟类当中，活的时间最短，寿命只有 2 年左右，堪称鸟类家族中寿命最短的鸟类。正是由于寿命较短，为了让家族世世代代地繁衍下去，翠鸟的繁殖能力特别强。一只翠鸟一年可以产 1～2 次卵，一次就能产 6～7 枚卵。卵的孵化时间也不长，大约有 21 天左右。超强的繁衍能力才使得翠鸟不至于灭绝。

学话最多的冠军——非洲灰鹦鹉

鹦鹉是一类羽毛艳丽漂亮且善鸣的攀禽。

在鹦鹉家族中，最出名的当属非洲灰鹦鹉。顾名思义，非洲灰鹦鹉主要生活在非洲地区，比如几内亚、肯尼亚、塞拉利昂、马利、科特迪瓦、加纳、尼日利亚、喀麦隆、加蓬、刚果、萨伊、乌干达、坦桑尼亚、比欧克岛等地。

非洲灰鹦鹉生活在雨林中，喜欢群居。它们出去寻觅食物的时候，也喜欢成群结队，一起行动。它们最爱吃的食物有各类种子、水果、坚果、浆果以及花蜜等。

有个成语叫"鹦鹉学舌"，也就是说，鹦鹉可以学习人类说话。在众多鹦鹉种类里，学习人类说话并且记忆词汇最多的当属非洲灰鹦鹉，它可以记忆复述 800 多个单词。由此看来，非洲灰鹦鹉的模仿天赋极高，也非常聪明。但是，科学家认为，鹦鹉虽能记忆单词，只不过是一种条件反射，机械模仿而已。这种"仿效"行为，在科学上也叫"效鸣"。由于鸟类没有发达的大脑皮层，鸣叫的中枢位于比较低级的纹状体组织中，因而它们不能真正懂得人类语言的含义。

除记忆较强、模仿能力较高之外，非洲灰鹦鹉的长相也很好，它浑身布满灰色羽毛，头部和颈部的灰色羽毛带有浅灰色滚边，腹部的灰色羽毛则带有深色滚边；还有一条和身体羽毛颜色相呼应的红色尾巴，显得格外耀眼。

游泳最快的冠军——巴布亚企鹅

企鹅生活在寒冷的南极，它的羽毛很短，而且密度比一般的鸟类多三四倍。这些密集的羽毛可以阻挡外界寒冷的侵袭。它之所以不怕冷，还因为它的皮下长着厚达 2~3 厘米的脂肪，像是一个保温设备，可以起到保温的作用。

企鹅有时候在陆地上生活，有时候在海洋里生活，在陆地上生活的时间和海洋里生活的时间各占一半。对于企鹅来说，生活在海里比生活在陆地上要危险得多，因为在海里有一种叫海豹的动物以企鹅为食，一发现企鹅下水，就会马上袭击企鹅。

企鹅不太擅长在陆地上行走，在陆地上走起路来左摇右摆。它走路时主要依靠尾巴和翅膀来保持身体平衡。一旦遇到危险，它就会迅速卧倒，展开双翼，在冰雪上趴着滑行。

在电影《帝企鹅日记》中，我们看到了那些身体笨重的企鹅，行走是多么不方便。可是，企鹅却是游泳最快的动物，它堪称游泳健将，其游泳速度每小时可达 30 千米，有些游得更快的企鹅，速度比巨型轮船时速还要快很多。

在众多企鹅当中，游泳最快的当属巴布亚企鹅，平均可达每小时 27 千米。巴布亚企鹅是一种体形较大的企鹅，它有一个明显的标志，那就是眼睛上方有一个醒目的白斑。它的嘴细长，嘴角呈红色，眼角处有一个红色的三角形，显得眉清目秀，憨态可掬，犹如绅士一般，十分可爱，因而还被称为“绅士企鹅”。

企鹅还会跳水，不但可以从上往下跳，还能从下往上跳。它经常从冰山上腾空而起跳入大海中。跳水的姿态极其优美，能和中国的跳水冠军郭晶晶媲美了。它也经常从水里跳出水面，跳出水面的高度可达两米。

企鹅为什么擅长游泳呢？这跟企鹅的身体结构有关。企鹅的身体是流线型的，可以减小水流对它的阻力，以方便它游泳。

此外，企鹅还有十分坚硬的骨骼，再配上它那如桨一样的短翼，就可以在水中畅游无阻了。

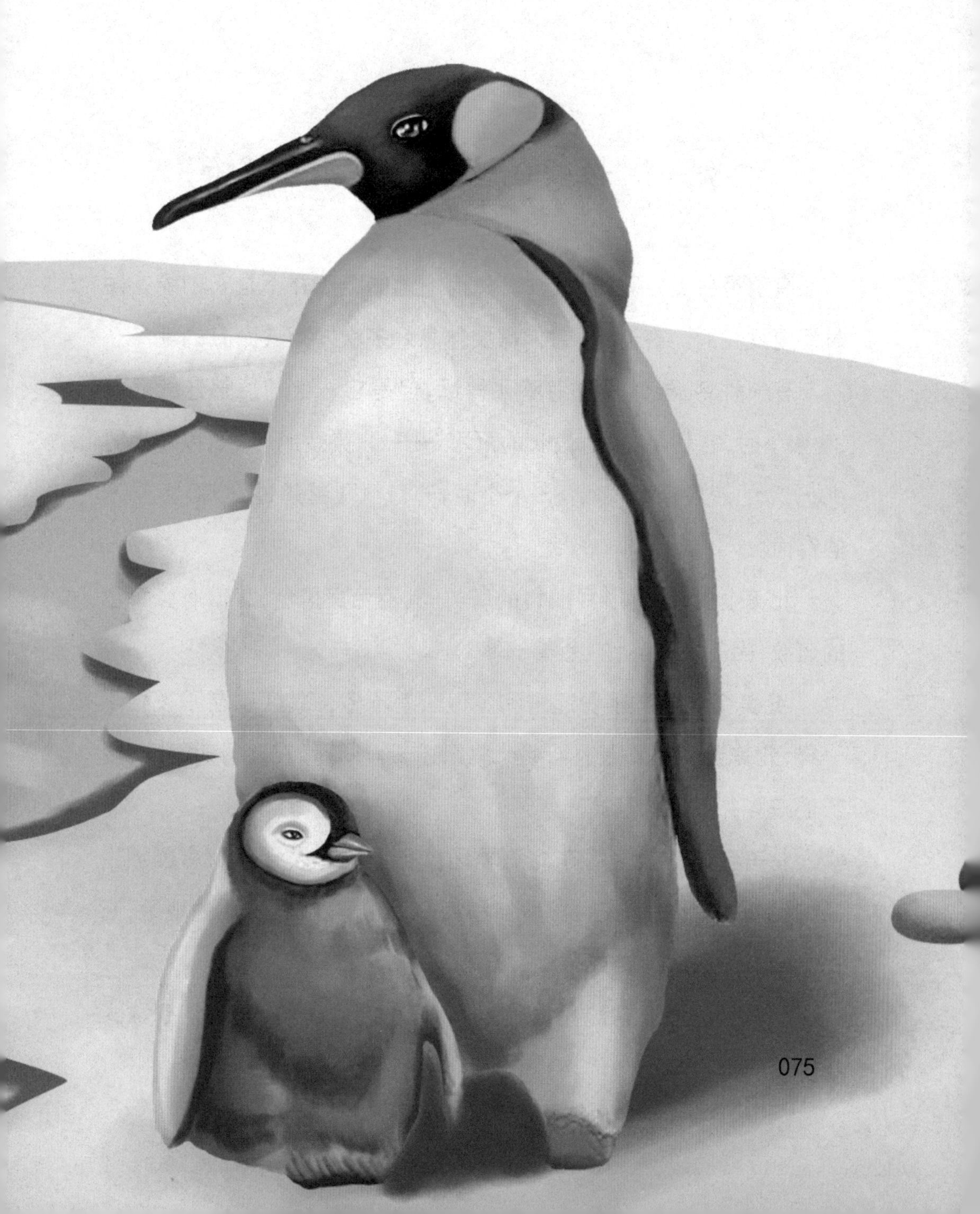

一次飞时最长的冠军——北美金鸻

海鸥是鸟类中飞行最远的,然而遥远的距离并不是它们能在短时间内飞完的。在途中,它们需要休息好多次才能飞到目的地。

有一种鸟,虽然没有海鸥飞得远,但是它一次却能够连续飞行35个小时,它就是“飞时最长的冠军”——北美金鸻。它能以每小时90千米的速度连续飞行35个小时,一口气飞越超过2000多千米的海面。

北美金鸻,属鸻形目鸻科的鸟类。其羽毛呈黑色,背部有金黄色的斑纹,因此又被称作“金背子”。

北美金鸻的样子看起来和金斑鸻差不多,其区别在于长相不一样,北美金鸻主翼上的羽毛比尾巴还长。同时,在飞行时,北美金鸻的双腿并不后伸至尾巴。

北美金鸻主要生活在北美地区,冬季的时候会飞到南美洲生活,其他季节都生活在阿拉斯加和加拿大北部。在其生活的地区,它们会选择一些有沙滩或草地的环境安家。

北美金鸻还非常聪明,当它们养育小鸟的时候,如果遇到敌人

袭击，它们会把翅膀摊开，并且一动不动地装死，麻痹敌人的注意力，以保护小鸟的安全。这也是北美金鸻的亲情体现。

体型最大的冠军——安第斯兀鹫

在众多鸟类中，不乏大块头大肌肉的鸟类，其中个头最大的要数安第斯兀鹫了。它的体长达1.3米，两个翅膀展开的宽度达3米，体重达11千克。

安第斯兀鹫属鹰科鸟类，别名康多兀鹫、安第斯神鹰、南美神鹰。安第斯兀鹫的视力非常好，即便是盘旋在空中，也能看到方圆15平方千米的目标。

但安第斯兀鹫并非捕猎食物的高手，这是由于它的身体构造造成的，它的爪子很短，而且不够锋利，所以捕食的能力比较差，大多时候只能吃腐尸，包括鱼、鲸、海豹和陆栖兽类等腐尸，偶尔也会捕捉一些牛犊、羊羔之类的动物。

不过这一特征也维持了大自然界的生态平衡，首先，它清理了动物尸体，净化了环境；其次，通过它的肠道消化之后，腐尸变成有机物，为植物的生长提供了物质营养。

安第斯兀鹫不仅是世界上最大的飞鸟，还是世界上飞得最高的鸟类之一。如此庞大的身躯，却善于飞翔，其飞行最高达

5000~6000 米。因此，它也被誉为“飞鸟中的巨人”、“百鸟之王”。

安第斯兀鹫主要生活在南美洲的安第斯山脉上。在那里，经常能够看到它们的身影。它们飞起来就像一架小型飞机。因此，当地人称它们为“安第斯山上空的骄傲”。

它们威武雄伟，气宇轩昂，所以被智利人民尊为“国鸟”，还将它们印在了智利的国徽和军徽上。

尾巴最长的冠军——长尾鸡

长尾鸡与饲养的蛋用鸡和肉用鸡同属野生原鸡的后代。不过，长尾鸡属于观赏品种。

长尾鸡与家鸡体态类似，它的嘴短而略微有点儿弯曲，头顶上长着鲜红的肉冠。长尾鸡的翅膀呈短圆形，因此不宜高飞或作远距离的飞翔。长尾鸡有个最突出的特点，就是它的尾巴特别长，可达6~7米。

长尾鸡尾巴特长，一方面是天生的，还有一方面是人为的。

日本人发现了长尾鸡具有欣赏价值，就开始研究如何才能让长尾鸡的尾巴长得更长。经过长时间的研究，日本人终于在1974年培育出一只尾巴达12.5米长的长尾鸡。如果将它放在四层楼高的阳台上，它的尾巴依然能够碰到地面。

为了不让长尾鸡的尾巴受到磨损而变短，人们会给长尾鸡制造一些特制的高架或高台，让它站在上面。

长尾鸡因为尾巴很长，其尾巴成为世界上最长的鸟类羽毛，它也因此而成为观赏价值最高的家禽之一。

鸟类绝技

关键词：灭火鸟、北美蓝樫鸟、鹈鹕、潜水鸟、非洲鸵鸟、卫士鸟、收粮鸟、气象鸟、金丝雀、缝叶莺、照明鸟

导　读：有些鸟类拥有无人能敌的绝技，它们因各自的技能不同，而被人们赋予不同的称号。

灭火器——灭火鸟

对于大多数鸟来说，只要看到森林失火，都会躲得远远的。可是，中美洲中部地区的尼加拉瓜有一种鸟不但不会逃跑，而且还会像飞蛾扑火一样飞过去。这种鸟名叫灭火鸟。

灭火鸟其貌不扬，它的样子有点像乌鸦。浑身呈黑色，肚子像个瓶子，但是，它做的事情却令人称道。

因为，每当森林起火的时候，灭火鸟们会通过信号向同伴传递，聚集成千上万的同伴，赶去森林扑灭大火。因次当地人赋予它们“森林卫士”的称号。

那么灭火鸟就不怕火烧吗？它又是如何扑灭火焰的呢？原来它们不怕火烧，而且会喷出唾液将火扑灭。

据生物学分析发现，灭火鸟的唾液与其他动物的唾液的组成成分有所不同，灭火鸟的体内有一个专门制造灭火素的“灭火囊”，每天可产生扑灭 20 平方米火源的灭火素。这种浓烈的灭火素，混合在鸟的唾液内，一旦将唾液喷射在大火上，大火就会被扑灭。因此，它们才会被称为灭火鸟。

植树鸟——北美蓝樫鸟

北美蓝樫鸟属雀形目鸦科，又名北美蓝鸟、冠蓝鸦、樫鸟。主要生活在美国、加拿大等地的森林里。

北美蓝樫鸟属于杂食类鸟类，什么都吃，它吃肉食，比如昆虫、腐尸、鱼、小爬行动物、小哺乳动物以及其他鸟的幼雏；它也吃素食，比如橡子、杉木的种子，以及玉米、草莓、果子等。它的主食中 70% 以上是植物的种子和果实。

北美蓝樫鸟最爱吃橡子。因为吃橡子的原因，北美蓝樫鸟还被人们赋予“植树鸟”的美称。关于植树鸟的美称，我们还要从北美蓝樫鸟吃橡子说起。

聪明的北美蓝樫鸟找到橡子之后，并不直接啄开后吞吃果肉，而是先让橡子发芽，让芽把坚硬的橡壳拱开，然后再啄食里面的果肉。而如何让橡子发芽，这和北美蓝樫鸟生活习惯有关。

原来，春夏季节，北美蓝樫鸟很容易找到食物果腹，但冬天的时候，一些小昆虫、动物以及植物的种子和果实就很难觅到了，因此在越冬之前，北美蓝樫鸟未雨绸缪——知道“广积粮”的道理——它们

都会在土地上挖掘一个个“粮仓”，然后，将收获的橡子逐一埋藏进去。说北美蓝樫鸟聪明之处，还在于它们知道做标记，这些标记对于它们来年寻找橡子的地点有很大帮助，比如以两棵树的中间为基点，并以一个固定的距离，挖掘“粮仓”，把橡子埋进去。

等到了第二年的春天，那些被埋入地下的橡子开始发芽，这时，北美蓝樫鸟就开始根据它们埋藏的橡子地点陆续觅食，有时还衔回自己的巢穴里，供孩子们食用这些发芽的橡子，不必再费事地用嘴啄开坚硬的橡壳，可以直接食用，吃起来也清甜可口、易于消化，深受小北美蓝樫鸟的喜爱。

在这个过程中，勤劳的北美蓝樫鸟总是积攒过多的橡子，那些没有吃完的橡子，还被埋在土地里，任其生根发芽，如此一来，一棵棵小橡树就开始茁壮成长起来。这也是北美蓝樫鸟被叫做“植树鸟”的原因。

捕鱼能手——鹈鹕

鹈鹕，属鹈形目鹈鹕科鹈鹕属的一种大型游禽。在欧洲、亚洲、非洲等地都有分布。我国有两种：斑嘴鹈鹕和白鹈鹕。它的俗名叫塘鹅。它们常常是成群结队在野外自由玩耍，除了下河戏水、捕猎食物植物，还会在岸边的沙滩上晒晒太阳，或悠闲地梳理羽毛。除此之外，鹈鹕属鸟类还善于游泳和飞翔。

说到游泳，就要说一下鹈鹕的捕鱼本领。古代文集中曾有关于鹈鹕的记载："遇水泽即以胡盛极、戽涸取食，故曰淘河，俗名淘鹅。"淘鹅即是鹈鹕的别称。说它是捕鱼能手，则和它的身体构造有关。鹈鹕的下颌长着一个又大又长的嘴巴，能盛装很多水。这个大嘴巴事实上是由它的消化道前端的大喉囊形成的。

正是靠这个特殊的嘴巴，鹈鹕把水中的小鱼群赶向岸边浅水处，然后张开它的大嘴巴，把鱼和水一起吞入，再闭上嘴巴，收缩它的喉囊，把水排出，而鱼儿便进入它的腹中。在捕鱼时，鹈鹕是集体作业，它们通常排成编队，一起把水中的小鱼往岸边赶，然后在浅水处同时捕鱼。

潜水鸟——河乌

河乌，属河乌科河乌属的鸟类，其分布范围较广，主要生活在欧亚大陆及非洲北部地区。在我国的东南沿海地带、海南岛、香港等地，也可见河乌的踪迹。

河乌的体羽短小而稠密，其羽毛呈黑褐色或咖啡褐色。它的翅膀和尾巴也非常短小，但是不透水；它的鼻孔上有一可活动的盖；眼睛长有第三层眼睑。这些恰是河乌的主要特点，因此它能够在水中生活，是属于半陆栖和半水栖的鸟类。

由于这一特征，它主要在近水森林或者山间溪流等地的岩石、树根处建巢安家。这样便于它去水中捕食喜欢的水生昆虫或水生其他小生物。

河乌的水性极好，善于游泳，既能浮游，也能潜入水底行走。这本领对它捕获食物极有益处。因为这个原因，河乌被人们赋予“潜水鸟”的称号。

河乌还是挪威的国鸟，挪威国人非常喜爱这种鸟。但这种鸟比较胆小，容易受到惊吓，因此挪威政府规定不准捕捉或伤害河乌。

牧羊鸟——非洲鸵鸟

非洲鸵鸟是世界上最大的鸟类，体长为 183～300 厘米，身高 240～280 厘米，体重 130～150 千克。其脖子很长，头很小，嘴呈三角形。它也是脚趾唯一呈二趾状的鸟类。

非洲鸵鸟不能飞翔，但后肢粗壮有力，脚趾强大而有力，善于奔跑。当它们奔跑时，也会展开翅膀，以维持身体的平衡。

它们主要生活在非洲的荒漠、丛林或草原地带。因为其有发达的气囊和优良的循环系统来调节体温，所以能够适应极度干旱的气候，也较为耐热，在气温高达 56℃时，依然可以在阳光下活动。

除了这些特征之外，它也极度耐饥渴，几个月不饮用水，也照样生活。

由于善于奔跑、个头高大、叫声似狮子这些特征，在非洲，人们对这些鸵鸟加以驯化，便可帮助牧羊人管理羊群了。

驯化后的鸵鸟，走在羊群中显得十分高大，它们奔跑的速度连马都赶不上。如果有羊想离开羊群，它们就会用嘴啄羊的尾巴，直到羊乖乖地回到羊群里。

它们力气很大，不但能够同时让两个人坐在它们身上，还可以帮助主人运货，已经超越了牧羊犬的地位，成为了非洲人的一大好帮手。

守护神——卫士鸟

非洲的布隆迪有一些地方狼群经常出没。这些狼群一点都不安分，常常去农民家的羊圈偷吃羊。农民为了防止狼吃掉自家的羊，他们就会养一种被称为“卫士”的鸟。

我们知道，狼是一种非常凶残的动物，那些卫士鸟又如何能够对付得了狼呢？正所谓，一物降一物，狼虽然厉害，但是卫士鸟比狼还厉害。

卫士鸟的舌头非常灵活，能够卷起 100 多克的石块。每当卫士鸟发现有狼前来叼羊，它们就会用舌头卷起地上的石块投向狼。无论狼在陆地上有多么厉害，它们也无法飞到空中去对付卫士鸟，所以，前来偷东西的狼只能落荒而逃。

卫士鸟其实并不是单纯地为了帮主人看护羊群才对付狼的，它们和狼似乎天生就是敌人。狼是一种不讲卫生的动物，它们喜欢吃肉，而总会将身上弄得特别脏，以至于闻起来有种恶臭的味道。卫士鸟特别讨厌这种味道，一旦遇到狼，不管它们是不是来偷羊的，都会衔起石头向它们砸去。

农民——收粮鸟

像小麦、玉米、大豆、芝麻这些农作物的颗粒都非常小，农民在收获时，一般很难收得将它们干干净净。

有一句古诗说“谁知盘中餐，粒粒皆辛苦”，如果不能将那些农作物收完，就是一种浪费。既然如此，有没有一种办法可以帮助农民收拾得一粒不剩呢？

在伊拉克本兹堡的一个农场里，就有一位聪明的农民，他驯养着 100 多只灰色羽毛的收粮鸟。每当收获粮食的时候，他就将这些收粮鸟放出来，鸟儿就会主动地将散落在地上的粮食一粒粒地从地上拾起来。

鸟类大多都喜欢吃农作物，难道这位农民不怕收粮鸟会吃掉散落在地上的粮食？这个你倒是不要担心，这些收粮鸟非常听话，它们不会将这些粮食吃进肚子里。

收粮鸟的脖子下有一个特有的囊袋，它们可以将从地上捡起来的一粒粒的粮食存储在囊袋里。每个囊带可装下 60～70 粒粮食，装满就飞到主人指定的容器旁，并将粮食吐到容器内，然后再进行第二次飞行，再吐到容器内。

一只收粮鸟一天可反复“运粮”几十次，收集的粮食达300克左右。

有了这种鸟，农民就不会担心辛辛苦苦地耕耘出来的粮食被浪费掉了。

气象员——气象鸟

在拉丁美洲危地马拉的热带密林附近居住的人，能通过一种叫“气象鸟”的鸟类的叫声来识别天气。

气象鸟有一个习惯，在不同的天气里，它们的叫声不同。当地人发现了气象鸟的这个习惯后，就会依靠它们发出的不同的声音来识别天气。如果它们的叫声缓和，预示着当天风和日丽；如果它们的叫声比较响亮，就预示着将会有风雨降临；如果它们的叫声听起来非常刺耳，就预示着将会有狂风暴雨。

报警员——金丝雀

金丝雀属雀目科的鸟类，主要以谷类食物为主，原产非洲西北海岸的加纳利、马狄拿、爱苏利兹等岛屿。

金丝雀又被称为芙蓉鸟或白玉鸟，它们长得非常漂亮，羽毛的颜色会因为品种的不同而不同，比如山东金丝雀羽毛是淡黄绿色，而白色金丝雀的羽毛却是白色。

金丝雀是一种鸣鸟，鸣叫的声音十分动听，又像是一个口技大师，能模仿很多鸟类的叫声，如画眉、山雀、黄鹂等。这种模仿得惟妙惟肖的叫声，能让其他鸟误以为它就是它们的同类！

然而，金丝雀最高超的本领却是报警。它是怎么报警的呢？

原来，金丝雀有一种能够识别瓦斯浓度的能力。矿工在矿井里挖煤的时候，矿井里经常会产生一种有毒的气体"瓦斯"。瓦斯一旦遇到明火，就会引起剧烈的燃烧，并发生爆炸，进而引起矿难。如果矿工将金丝雀放在他们工作的矿井下，一旦有瓦斯产生，爱叫的金丝雀就会感觉到不安，停止鸣叫。矿工发现金丝雀的异常行为后，就可以判断出矿井中已经有了瓦斯，马上逃离矿井。

裁缝师——缝叶莺

缝缝补补是裁缝师做的事。但是，有些鸟类也会这项工作。其中有一种叫缝叶莺的鸟，堪称是鸟类中的裁缝高手。

缝叶莺是一种鸣禽，生活在东南亚的菲律宾、印度等地。缝叶莺身长 11 厘米左右，羽毛呈橄榄绿或暗褐色。缝叶莺喜欢在树林或灌木丛中穿梭，寻找植物花朵或枝叶上的虫子吃。

缝叶莺的裁缝本领主要是用于建筑巢穴。

在筑巢的时候，缝叶莺首先会选取一个十分隐秘的地方，这个地方必须有一片或两片大型树叶。接下来，它就会把树叶合拢，卷成一个长长的筒状，并用嘴当针，在叶片的边缘上扎出一个个小孔，再用它早已准备好的植物纤维、蜘蛛丝、野蚕丝等，穿针引线地把树叶缝合起来。更加有趣的是，缝叶莺在缝的时候还会一边缝，一边像人类一样给线打结，以防止脱线。

缝叶莺在缝制巢穴的时候非常细心，都是一针一线地细细缝合。它会在叶片口处留下一个出口，以方便出入。最后，它会搜寻一些细草、兽毛、棉絮等比较柔软的东西填在缝好的口袋里。

这样一来，一个小巧、暖和、舒适而又隐蔽的巢穴就建造好了。如此高超的筑巢本领，能不令人拍案叫绝吗？

照明灯——照明鸟

在动物世界里，能够发出光亮的动物不多，最为我们所熟知的就是萤火虫，它们常常出现在夏天的晚上。有一种鸟类叫照明鸟，也能够时常发光，且不受时间限制。

它生活在非洲的原始大森林里。与一般的鸟类不同的是，照明鸟只有头部和翅膀处才有羽毛，其他部位全是硬壳。这些硬壳能够闪闪发光。一到晚上，当地人就能看到一些发光的照明鸟在森林里飞来飞去。

趣味鸟

关键词：四翼鸟、花鸟、黄脚三趾鹑、牙签鸟、犀牛鸟、鼠鸟、笑鸟、白胸秧鸡、文鸟、秋沙鸭、犀鸟、荆棘鸟、几维鸟、夜莺、东方环颈行鸟、米刺鸟、知蜜鸟、园丁鸟、吃铁鸟

导　读：鸟类家族中有一些种类极具趣味性，它们从外部形态、生活习惯、共生关系、行为爱好等方面，与其他鸟类有极大的差异。

四翼天使——四翼鸟

鸟类能长四只翅膀吗?提出这样的问题,想必大家一定惊讶,通常见的鸟类都是长两只翅膀,怎么会有四只翅膀的鸟类呢?告诉你,还真有这种鸟。这种鸟就叫四翼鸟。

四翼鸟主要生活在非洲的塞内加尔、冈比亚西部以及扎伊尔南部地区。四翼鸟是一种夜游鸟,像猫头鹰一样喜欢在白天休息,在晚上出来活动。

并不是所有的四翼鸟都长着四只翅膀,只有雄性的四翼鸟才会长出另外两只翅膀。此外,另外两只翅膀还必须在雄性四翼鸟进入繁殖季节的时候才会长出来。

当雄四翼鸟展翅飞行的时候,多出来的两根羽翅就会像插在它身上的两面旗子,在空中随风飘扬。其实,长四只翅膀也不是什么好事,因为多出来的翅膀上的羽毛在飞行的过程中会产生阻力,严重影响了飞行的速度,所以,繁殖季节一旦过去,雄性四翼鸟就会用嘴拔掉那两只翅膀上羽毛,使羽翅变得光秃秃的。不过,到了下一个繁殖季节到来的时候,上面的羽毛还会重新长出来。

由此看来，雄性四翼鸟多了两只翅膀并非是为了飞行速度更快，而是为了在求偶时吸引异性。当然，这一特别的求偶方式在其他动物身上也广泛存在，只是形式不同而已。这是动物在进化时，为了更适合繁衍后代而作的一种改观。

百花仙子——花鸟

相信很多人都见过和花朵颜色相似的蝴蝶，当它们在花丛中翩翩起舞的时候，我们很难发现它们。

可是你知道吗？非洲的詹姆斯敦有一种鸟，跟花的颜色以及形态都差不多，它名叫花鸟。

自然界遵循弱肉强食的生存法则，如果想要生存下去，就必须拥有独特的自我保护方法。体型较小的花鸟最善于保护自己的办法，就是把自己打扮成花的模样。花鸟举止灵活，展开翅膀之后像花瓣，如果它再将头抬起来，就变成了花蕊。有了花瓣和花蕊，一束完整的花就出现了。它们装扮得十分逼真，很少有动物能够将它们与花朵分辨出来。

花鸟的这个招数不仅能帮助它们躲避危险，还能帮助它们捕捉食物。

花鸟喜欢捕食昆虫，当花鸟伪装成花朵的时候，一些喜欢花的昆虫就会自动送上门来，而花鸟就会趁这个时机将它们捕捉，然后饱餐一顿。

雌尊雄卑——黄脚三趾鹑

黄脚三趾鹑跟鹌鹑长得差不多，身长16厘米，上体和胸部的羽毛点缀着黑色的斑点，腿的颜色呈黄色。它们是一种比较常见的鸟类，在我国西南、华南、华中、华东和东北地区都能见到。

对于自然界里的动物来说，一般都是雄性长得高大威猛，但是，黄脚三趾鹑却恰恰相反，它们是雌性长得高大威猛，雄性温柔可人，而且雌性还会为争夺雄性大打出手。

一到了繁殖的季节，雌黄脚三趾鹑开始为争夺雄黄脚三趾鹑摆下擂台，其他雌黄脚三趾鹑一一上台进行打擂，赢者才能将雄黄脚三趾鹑带走。在雌黄脚三趾鹑打擂的时候，雄黄脚三趾鹑会在一旁观战，谁赢了，它就会心甘情愿地跟着谁走。

在古代，人类的社会大多都是男尊女卑，现在的黄脚三趾鹑却是女尊男卑。雌黄脚三趾鹑就像是一个女王，而雄黄脚三趾鹑就像是臣仆一样。此外，雌黄脚三趾鹑可以“娶”多个雄黄脚三趾鹑作为自己的丈夫。

一到筑巢的时候，雌黄脚三趾鹑的丈夫们就该忙着寻找柔软的

草搭建巢穴了。作为妻子的雌黄脚三趾鹑只是在一旁悠闲地看着这些丈夫为筑巢忙得不可开交。更让人匪夷所思的是，等雌黄脚三趾鹑产下卵之后，雄黄脚三趾鹑还要老老实实地趴在窝里孵卵，等幼儿孵出来之后，还要去给它们找食物。

幼小的黄脚三趾鹑之所以能够长大，都是雄黄脚三趾鹑寸步不离，含辛茹苦地把它们拉扯大的，而雌黄脚三趾鹑却很少会管子女的事。

牙签——牙签鸟

鳄鱼是一种很凶猛的动物，长得青面獠牙，让人望而生畏。然而，非洲有一种鸟不但不害怕鳄鱼，还敢钻进鳄鱼那满是锋利牙齿的嘴里，这种勇敢的鸟，名叫牙签鸟。

牙签鸟的学名叫埃及鸻，它们体型的大小跟鸽子不相上下，羽毛的颜色呈黑色、灰色、白色和黄色四种。从外表看起来，牙签鸟没有什么特别之处，为什么它敢于钻进鳄鱼的嘴里呢？难道不害怕鳄鱼将它吃掉？

其实，牙签鸟钻进鳄鱼的嘴里是在帮助鳄鱼清理口腔卫生。我们知道，鳄鱼喜欢吃肉，吃完肉之后，牙缝里常常会塞满肉渣，导致牙齿不舒服。正好，牙签鸟可以帮助鳄鱼剔除牙齿里的肉渣，剔完之后，鳄鱼就会感觉到很舒服。也正是因为如此，人们才给这种鸟取名叫牙签鸟。鳄鱼觉得舒服了，就会很喜欢这种鸟，所以才不会伤害它。

其实，牙签鸟也不是白白地帮鳄鱼免费清理口腔内的肉渣的，因为牙签鸟原本就喜欢吃肉渣，鳄鱼不需要的肉渣正好可以让牙签

鸟美美地饱餐一顿。这样一来，两者之间都可以获利。

牙签鸟和鳄鱼相处得非常默契。有时即便是鳄鱼睡着了，牙签鸟飞到它的嘴边，用翅膀轻轻地拍几下，它就会自动地张开大嘴，让牙签鸟进去为它“剔牙”。

牙签鸟的感觉器官十分发达，周围稍有风吹草动，它就能察觉到。如果有动物想要攻击鳄鱼，牙签鸟就会飞走，鳄鱼就能察觉到有危险存在，马上就会站立起来，观察敌情。如果是一些小危险，它就会与敌人厮杀；如果是大危险，它就会选择逃跑。

犀牛的黄金搭档——犀牛鸟

牙签鸟和鳄鱼可以做朋友,那么还有没有其他鸟类和其他动物做朋友的呢?当然有啦,那就是生活在非洲的犀牛鸟。它的大小跟画眉鸟差不多,看上去跟一般的鸟儿也没什么两样,不同的是它长了一张细长的嘴巴。

犀牛鸟的朋友就是犀牛。犀牛也是生活在非洲的一种动物,它长着一身厚厚的皮,像是披了一件刀枪不入的防身衣。头部有一只碗口大的长角,是专门用来攻击敌人的。一旦有敌人被它的长角攻击到,大多性命不保。犀牛的凶猛连狮子、大象都让它三分。

虽然犀牛在动物界的威望大,但是它却拿那些喜欢吸食它体内血液的蚊虫和寄生虫没有办法。这些蚊虫一遇到犀牛,就会将它们的嘴刺进犀牛皮肤褶皱之间又嫩又薄的地方,吸食犀牛的血液。这时,犀牛就会变得疼痛难忍。正当犀牛痛苦难耐的时候,犀牛鸟便会及时出现,它们会用自己细长的嘴巴将那些坏家伙揪出来吞进了肚子里。随后,犀牛就全身舒坦了,犀牛自然就喜欢犀牛鸟了。

犀牛鸟除了帮助犀牛对付蚊虫, 还能帮助犀牛观察周围的环境。你或许还不知道，犀牛是个近视眼，它看东西很模糊，一般都是依靠自己灵敏的嗅觉和听觉来观察周围的环境的。如果有敌人靠近犀牛，犀牛该怎么办呢？这时，犀牛的好朋友犀牛鸟就该出马了。犀牛鸟的视力非常好，它一旦发现犀牛有危险，就会在犀牛周围的上空飞上飞下，提醒犀牛有危险靠近。犀牛意识到有危险出现，就会加强全身防备，以应付敌人的袭击。

贼眉鼠眼——鼠鸟

鼠鸟属于鼠鸟目鼠鸟科唯一的属鼠鸟属，这种鸟可是很有来历的，它是由古爬行类动物进化而来，并适应飞翔生活的高等脊椎动物。人们在英格兰始新世的地层中就发现过它的化石。如今它主要生活在非洲大陆地区。

顾名思义，鼠鸟就是长相与老鼠一般，其头像老鼠，嘴是鸟嘴；羽毛与老鼠的颜色、质地都差不多，除此之外，鼠鸟的后边还拖了一个跟老鼠有几分相似的尾巴。

最特别的是，鼠鸟在林中奔跑起来，其姿态架势和老鼠的行动高度相似，故此，人们才给予它一个“鼠鸟”的名字。

鼠鸟有一双漂亮的红色小脚，脚的结构比较奇特，上面有四只排列整齐的脚趾，但是它最外面的两个脚趾能够前后转变方向使用。这种奇特的构造，使得鼠鸟能够在树上行动自如。在树上倒立吃东西，对鼠鸟来说是十分容易。就连睡觉，它也不忘利用自己脚的优势，紧紧地抓紧树枝，头向上尾向下，牢牢地吊在树上。

鼠鸟是一种植食动物，喜欢吃植物的嫩芽、花朵和果实。但是它

又是大森林里的生态平衡者，抑制着对植物有破坏作用的其他种类生物，换句话说，就是它保护了植物的正常生长。

全世界一共有鼠鸟 156 科，总计 9000 多种。不过，现在已经有 139 种的鼠鸟灭绝了。这就需要人类共同努力，关爱地球生态家园，呵护鸟类的生存环境。

笑红颜——笑鸟

当我们开心的时候，都会发出“咯咯”的笑声。可是你知道吗？有一种鸟也能发出笑声。它笑起来嘴巴朝天，前仰后合，尾巴上下摇动，而且会笑得合不拢嘴。这种鸟被人们称为笑鸟。

笑鸟，属于澳大利亚东部翠鸟科的一种独有食鱼鸟类，主要生活在澳大利亚的灌木林当中，羽毛灰褐色，其个头、模样跟乌鸦差不多。它和琴鸟同是澳大利亚的国鸟。

因为笑鸟常常在凌晨时分或日落时分开始鸣叫，所以当地居民常常以笑鸟的鸣叫声来判断一个大概时间。故其又有“林中居民的时钟”之称。

在食物上，笑鸟属于重口味的鸟，除了喜欢吃蛇、蜥蜴和田鼠等动物以外，还喜欢吃其他体型较小的鸟。它称得上是捕蛇高手。笑鸟一旦遇到蛇，就会用它那锋利的嘴扑上去勾住蛇头，然后将蛇叼到空中，扔下，反复地叼到空中再扔下，直到将蛇摔死为止。在吃蛇的时候，它会一边吃，一边“咯咯”地笑。

笑鸟也是夫妻两个共同完成孵卵的工作的。不过笑鸟不会把它

们的卵产在自己的巢穴里，而是产在白蚁的洞穴里。笑鸟竟然敢将自己的蛋放在白蚁的洞穴里，它就不怕白蚁把它的蛋给搬走吗？其实笑鸟这么做是有它的理由的。一旦小笑鸟孵出来之后，小笑鸟就会将周围的白蚁当成美餐给吃掉。

如此看来，笑鸟还是十分聪明的。

睡罗汉——白胸秧鸡

一到冬天，有些鸟害怕寒冷，就该飞到南方去过冬了。还有一些不怕寒冷的，就留了下来。

但是，有一种既不想飞到南方去过冬，又害怕寒冷的鸟类。这种鸟该怎么办呢？它们会选择冬眠，白胸秧鸡就属于这类鸟。

白胸秧鸡属于鹤形目秧鸡科的鸟类，这种鸟在繁殖期间，其雄鸟在晨昏之际，发出凄厉激烈的叫声，其声似“kue，kue，kue”（苦恶），因此又被人们称为白胸苦恶鸟或白面苦恶鸟。

白胸秧鸡背部的羽毛呈灰黑色，尾部的羽毛呈栗红色，面部和胸部为白色。白胸秧鸡是一种涉禽，喜欢在水中行走，此外，白胸秧鸡的脚上还有一些脚蹼，所以它们还可以游泳。

秋天的时候，白胸秧鸡会拼命地把自己吃得肥肥胖胖的，等冬天来临的时候，就钻进早已挖好的洞穴里。

在洞穴里，它可以不吃不喝，只睡觉，使新陈代谢减弱，尽可能地减少体能消耗，凭借着它入冬前贮存的大量脂肪来维持生命，直到第二年春暖花开的时候，它们才会出来活动。

泥菩萨——文鸟

在动物的世界里，如果没有一样绝技用来保护自己，就很难生存。不过，也有些动物谈不上有什么绝技，却依然能够很好地生存。文鸟的鸟就是这样，它没有绝技，不能很好地保护自己，但是，它可以借助其他动物的保护来生存。

文鸟，又称为爪哇禾雀，个头和麻雀差不多大，以前只有一种灰色的文鸟，后来经过饲养者的繁殖育种，又育出了白文、红文、银文和蓝文。文鸟是素食主义者，主要的食物有草籽和谷物。

文鸟非常文弱，就像不敢过河的泥菩萨，没有丝毫保护自己的能力，所以只能寻求黄蜂的庇护了。为了让黄蜂可以保护自己，它就把巢安在黄蜂巢穴的旁边，跟黄蜂成为了好邻居。

黄蜂可是个厉害的角色，如果哪个不长眼的要是惹恼了黄蜂，它就会用尾部的毒刺狠狠地在对方身上刺一下，对方身上马上就会出现一个大包。

因为很少有动物敢去招惹黄蜂，所以也很少有动物去招惹黄蜂周围的文鸟。文鸟无疑是给自己请了一群免费的保镖。

上树鸭——秋沙鸭

鸭子走起路来总是摇摇晃晃，看起来十分笨拙。但它们只是在陆地上显得笨拙，在水中却是一名游泳健将。

民间有句歇后语叫“赶鸭子上架——很难办到”。可是，你听说过会上树的鸭子吗？在鸭属种类里，确实存在这样一种会上树的鸭子，它有个好听的名字，叫秋沙鸭。

秋沙鸭又叫鳞肋秋沙鸭，是我国一个特有的物种，主要生活在黑龙江、吉林、河北和长江以南等地区。

秋沙鸭是一种身体比较长的潜水鸟，它的嘴巴比我们经常见到的鸭子的嘴巴细长，嘴的尖端还有个钩子，有助于它在水中捕鱼。秋

沙鸭的肉有一股腥臭的味道，人们都不太喜欢吃，因此有人还叫它“废物鸭”。

秋沙鸭不但能够上树，而且还把自己的巢穴建在水边的树上。它不能像啄木鸟一样在树上啄出一个巢穴来，只能寻找有洞的树木作巢。

由于树洞需求大于供给，导致秋沙鸭对洞穴的争夺十分激烈。为了争夺巢穴，雄秋沙鸭会向其他争夺巢穴的雄秋沙鸭发起挑战，而雌秋沙鸭会像拉拉队一样在一旁给自己的伴侣加油，等伴侣把别的鸭子赶走之后，它们会一起布置这个属于它们的洞穴。

不过，雄秋沙鸭比较绝情，一旦交配完之后，就和雌秋沙鸭分别了，孵卵的事，只能由雌秋沙鸭独自完成了。

闭关鸟——犀鸟

犀鸟是一种大型的鸟类,它们的羽毛非常鲜艳。它们跟别的鸟最大的不同之处就是长了一张大嘴,这张大嘴足足有33.4厘米长,嘴上还长着一块被称为盔突的突出物,看上去像犀牛鼻子上的角,也正是因为这一特点,人们才称它为犀鸟。

我们常常在电视剧中能够看到很多武功高强的人将自己关闭在一个山洞里或一个黑屋里,然后修炼盖世神功。犀鸟也常常搞“闭关”。

武侠剧里的大侠闭关是为了修炼神功,犀鸟闭关又是为了什么呢?原来,它们是为了生儿育女。

犀鸟闭关的场所在树洞中。犀鸟像秋沙鸭一样,是借用其他动物的洞穴来居住的。当它们找到洞穴之后,雌犀鸟便会钻进洞穴中,把卵产在里边,然后从胃中吐出一种胶状的分泌物,再混合着泥土,将树洞的口给封住。雄鸟有时候也会帮助雌鸟封洞。它们并不会将树洞完全密封,而是留出一个垂直的小缝,以便于雄犀鸟可以给雌犀鸟喂食。

等到幼鸟孵出来之后，雌犀鸟就可以出关了。幼鸟自己也可以像雌犀鸟一样从胃中吐出胶状分泌物封住树洞，这样就避免了猴子等天敌的打扰。等这些幼鸟长大以后，它们会撕破洞口的胶状物，然后从树洞中飞出来。

自杀鸟——荆棘鸟

荆棘是一种带刺的植物，如果不小心被它刺到，会感到十分疼痛。但是，自然界存在着一种喜欢往荆棘丛里钻的鸟，这种鸟就叫荆棘鸟。荆棘鸟又被人们称为珍珠鸟或翡翠鸟，它们的羽毛非常漂亮，红彤彤的就像一团燃烧着的火焰。

荆棘鸟的行为非常奇怪，它们从一离开巢穴之后，便会四处寻找一棵高大且刺尖的荆棘树，然后一头扎进去。扎进去之后的荆棘鸟，全身都会流出鲜血，这行为就如一个人在自杀。这时，它们就开始了一生中的第一次也是最后的一次歌唱。那声音凄美，婉转，动人。等它们唱完之后，它们的生命也从此结束了。

无翅鸟——几维鸟

如果告诉你,有一种鸟没有翅膀,你会相信吗?或许你不会相信,但是,世界上确实存在一种没有翅膀的鸟,名叫几维鸟。

几维鸟生活在新西兰,它们并不是一开始就没有翅膀的,在经过漫长的退化之后,翅膀消失了,就不能像其他的鸟一样翱翔在湛蓝的天空中了。

几维鸟长得十分奇怪,不但没有翅膀,还没有尾巴。它们的脑袋不大,嘴巴却长得很长。不要小看它们的嘴巴,不但可以用来捕食,还可以当腿用。在睡觉的时候,它们会把嘴巴伸到地下,和另外的两条腿配合着,支起一个"三脚架",借以支撑整个身子,然后就可以美美地睡上一觉。

几维鸟是个十足的"夜猫子",它们喜欢白天睡觉,晚上会出来觅食。时间久了,它们的视力就逐渐下降了,白天几乎看不到什么东西,夜晚更看不到什么东西了。如果白天出来遇到强光的照射,眼睛就有可能失明。几维鸟的视力甚至差到大白天会撞到墙上。

虽然几维鸟的视觉很差,但它们练就了一个拥有灵敏嗅觉的鼻

子，能够闻到自己喜欢吃的食物，即便食物躲在地下十几厘米的地方，依然能够被几维鸟灵敏的嗅觉闻出来。当它们发现了地下的食物，就会用长长的嘴巴“掘地三尺”，把食物给挖出来吃掉。

最会伪装——夜莺

人类会伪装自己，鸟类也会伪装自己。夜莺就是一种很会伪装的鸟。

夜莺为雀形目鹟科的一种鸟，又被人们称为新疆歌鸲、夜歌鸲。它们喜欢在欧洲和亚洲的森林中生活。夜莺长得并不漂亮，羽毛多为黑褐色，看上去并不显眼。然而，外表看起来不出众的夜莺却有一副好嗓子，它们最擅长的就是唱歌，那悦耳动听的歌声，让多数歌唱家都自叹不如。而且，在众多鸣禽种类里，夜莺属于少有的在夜晚唱歌的鸟，故其得名夜莺。

夜莺属于迁徙鸟类，夏季主要生活在欧洲、亚洲的低矮树丛里；冬季的时候，它们便飞往非洲过冬。夜莺的嘴巴特别大，因此，当它在空中飞行时，一样可以精准地捕捉到蚊虫等小动物，这些小动物也是它的主食。

在鸟类歌唱界、空中捕食界都占据位置的夜莺，还有一样本领，善于伪装。

我们都知道，军人一般都穿着绿色的迷彩军装。之所以这样，就

是为了伪装自己，使得自己和森林中的绿色植物融为一体，让敌人不容易发现自己。而夜莺又是怎么伪装的呢？这还得从夜莺的体态特征说起。

夜莺是一种小型鸟类，身长约 16 厘米。它们善于利用自身条件来伪装自己。它们的体色多为黑褐色，一旦遇到敌害，就会伏在一些枯枝败叶上，跟这些叶子融为一体，很难被发现。不但它们本身能伪装，就连它们产出来的蛋也能伪装。夜莺产出的蛋有灰暗的斑块，与树的结很像，远远望去，实在难以分辨。

最狡猾——东方环颈行鸟

一提到“狡猾”这个词，很多人会自然而然地想到狐狸，估计很少有人将狡猾这个词跟鸟类联系在一起。可是你知道吗？有些鸟也是非常狡猾的，而且，它们的狡猾程度甚至不亚于狐狸。东方环颈行鸟就是一种非常狡猾的鸟。

东方环颈行鸟是一种小型鸟，身长约 18 厘米，嘴巴和脚为黑色，背上和翅膀上的羽毛呈褐色，头顶上的羽毛呈咖啡色，肚子上的羽毛为白色。

环颈行鸟非常懒惰，连住的窝都懒得建造。一般懒惰的动物，相对来说都比较狡猾，环颈行鸟就是如此。

在产卵的时候，环颈行鸟会将自己的卵产在沙砾上。它们选择的可不是一般的沙砾，而是选择跟自己产下的卵的颜色一样的沙砾，将卵产在这些地方，如果不认真观察，很难发现。

除此之外，环颈行鸟还有一套高超的演技。如果它们的天敌有意或无意靠近它们的卵，它们就会给天敌演上一出好戏。首先，它们会装作受了伤，然后朝别处飞去，这样天敌就会尾随着它们离开，它

们将天敌引离巢穴的目的就达到了。

环颈行鸟的飞行速度很快，有时候天敌无法追赶上它们，就会返回去寻找它们的卵。为了避免出现这种情况，环颈行鸟飞不远就会停下一次，等待着追赶它们的天敌。等天敌靠近它们后，再继续逃跑。它们会如此重复很多次，直到将天敌引开为止。

环颈行鸟还特别谨慎，即便将天敌引开之后，它们也不会按照原路返回巢穴，而是选择其他道路返回。面对如此过硬的骗术，天敌实在是拿环颈行鸟毫无办法。

孝鸟——米利鸟

中国自古以来注重孝义，并常常拿动物以教化人们，比如“羊羔有跪乳之恩，乌鸦有反哺之情”。

其实，除了这些常见的动物行为之外，在自然界中，还存在着很多知道回报父母的动物，其中生活在美洲哥伦比亚森林里的一种状如麻雀的米利鸟，就知道“尊老孝老”。

原来，米利鸟属于群居生活，它们有着与众不同的睡觉方式，在睡觉的时候，一只年轻的米利鸟将尾羽上的环挂在树干上，再利用它们的尖喙勾住另一只鸟尾羽上的环，就这样依此类推，直到最后一只鸟用尖啄勾着树干为止。

它们用身体串成一张柔软安适的“吊床”，老米利鸟就可以舒服地躺在这张“吊床”上。

当狂风暴雨袭来的时候，年轻的米利鸟会迅速地卷起，将老米利鸟包在里面，避免父母受到狂风暴雨的侵袭。无论是春夏秋冬，年轻的米利鸟都会这样照顾着父母。

因此，米利鸟才有了“孝鸟”的美名。

神探——知蜜鸟

我们都知道，动物界中最有名的侦探就是警犬，它们能根据气味来寻找目标。然而有一种鸟也可以做侦查工作，不过它们侦查的对象却是蜂蜜，在这方面，它们堪称神探。这种神探名叫知蜜鸟。知蜜鸟生活在非洲的原始森林中，身长约 10 厘米，背部的羽毛呈黄色，胸部的羽毛呈灰黑色，棕色的尾巴上还点缀着一些小斑点。知蜜鸟最喜欢的食物就是蜂蜜，为了得到这种美食，它们是煞费苦心，四处奔跑。无论是建在高大树上的蜂巢，还是建在隐蔽的树干中的蜂巢，都能被它们找到。

有意思的是，虽然知蜜鸟是寻找蜂蜜的高手，但是它们却拿蜜蜂毫无办法。为了对付蜜蜂，它们就请来了食蜜獾。食蜜獾全身毛绒绒的，不怕野蜂蜇咬，但是它们却很难发现野蜂极其隐秘的巢穴。这样一来，知蜜鸟就开始和食蜜獾合作，两者取长补短，一方负责寻找野蜂的巢穴，另一方负责将野蜂赶走，然后分食蜂蜜。

知蜜鸟一旦发现野蜂的巢穴，就会去寻找食蜜獾。如果食蜜獾发现前来寻找自己的知蜜鸟在上空一边飞一边叫，它就明白知蜜鸟

的意思了。在知蜜鸟的带领下,食蜜獾很快就能找到野蜂的巢穴。它先是将野蜂全部赶走,然后将野蜂的巢穴从树枝上弄下来,并将蜂窝里的蜂蜜吃掉。在吃蜂蜜的时候,食蜜獾当然也不忘给它带路的知蜜鸟了。

非洲原始部落的人发现了知蜜鸟的这个秘密后,也会利用知蜜鸟去采蜜。每当这些人采到蜜之后,就会给知蜜鸟留下一些蜜作为对它的回报。

另外值得一提的是,知蜜鸟的后代可不是自己孵出来的。每当知蜜鸟要产卵的时候,它就会将卵偷偷地产到其他鸟类的巢中,然后由鸟巢的主人帮它把后代孵出来。

神偷——园丁鸟

在鸟类中,最会偷东西的莫过于园丁鸟了。

园丁鸟生活在新几内亚和澳大利亚等地,它们是一种鸣禽,叫声非常清脆。园丁鸟在鸟类当中还有“建造师”的美称,它们能把自己的巢穴建造得非常精美。然而有意思的是,这个建造师在建造巢穴的时候使用的材料大多是偷来的。

雄园丁鸟建造巢穴其实就是为了讨好雌园丁鸟。雄园丁鸟在繁殖期没有来临之前就开始建造巢穴了。它们会在巢穴的周围放一些如贝壳、花朵、彩色毛绒、羽毛等好看的东西作为装饰品。然而,仅仅将巢穴装扮成这样还远远不够,雄园丁鸟还会尽其所能地寻找一些稀奇古怪的玩意儿来点缀它们的巢穴,这对雌性园丁鸟会更有吸引力。为了达到这个目的,雄园丁鸟就开始动用它们的偷窃本领了。它们会跑到树林附近的农户家里偷一些玻璃、瓶盖、金属丝等物品。不过它们有的时候也会偷一些值钱的东西。

曾经在澳大利亚一个海滨城市的一家宾馆里,一位美丽的夫人的钻戒不翼而飞了。后来经过警察的仔细调查,发现偷窃戒指的家

伙竟然是雄园丁鸟。

除了偷窃人类的物品,雄园丁鸟之间也会相互偷窃。当它们发现附近其他园丁鸟巢穴里的装饰品比自己的更容易吸引异性的眼光时,它们就会趁对方不在“家”的时候将这些装饰品偷过来。当然了,它们在偷窃别人东西的同时,自己的东西也有可能会被别人偷去。

铁砂嘴——吃铁鸟

自然界中存在着一种敢于吃铁的鸟，这种鸟名叫吃铁鸟。吃铁鸟长着一身黑色的羽毛，尖尖的脑袋，圆圆的身子。它们的叫声非常难听，像是敲打锣鼓一般。吃铁鸟对铁制品非常感兴趣，它们会通过各种途径来寻找铁块吃。

吃铁鸟为什么喜欢吃铁呢？这让很多人都感到非常好奇。经过研究发现，吃铁鸟的胃液中含有高浓度的盐酸。铁一旦遇到高浓度的盐酸就会渐渐地融化掉，所以吃铁鸟才敢于吃铁。

鸟类象征

关键词：鸽子、鸿鹄、喜鹊、鹤

导　读：你知道鸽子、鸿鹄、喜鹊、鹤等鸟类象征着什么吗？它们象征的背后又有何历史与传说？就让我们走进它们的世界去寻找答案。

鸽子象征和平

在人们的意识里，鸽子象征着和平。为什么鸽子能够象征和平呢？这跟伟大的画家毕加索有着密切的联系。

1940 年 8 月的一天，德国军队攻占了法国的首都巴黎的时候，毕加索正伤心地坐在自己的画室里。窗外的世界战火连天，枪声不断。他非常渴望战争能够早日结束，世界能够永远和平。

正在这时，他的邻居米什老头捧着一只浑身是血的鸽子闯了进来，并向毕加索哭诉自己孙子的遭遇。原来老人的小孙子在和鸽子玩耍的时候，被德国的士兵用枪活活打死，这些士兵竟然连一只鸽子也没有放过。

为了纪念自己的孙子，老人恳请毕加索画一只鸽子，用来纪念他那死去的小孙子。毕加索一边安慰着老人，一边拿起自己的画笔开始在纸上画了起来。不久，一幅叫《鸽子》的画便问世了。

1949 年，人们在巴黎召开了“世界和平大会”。大会上，人们纷纷控诉战争对各国人民造成的无可挽回的灾难。大家集体呼吁要和平，不要战争。

会议期间，毕加索拿出了自己曾经为老人画的《鸽子》，并献给了和平大会。从此，鸽子就成了和平的象征。

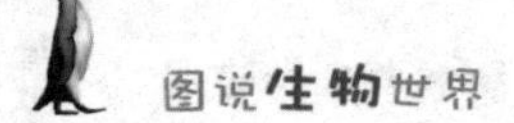

鸿鹄象征高远志向

鸿鹄，是古代人对天鹅的称呼。天鹅是游禽中体形最大的一种鸟，也是我国的二级保护动物。它们是一种候鸟，在北方的苇地里繁殖，等到天气变凉的时候才会飞到南方过冬。天鹅飞行高度可达9000米，有飞越“世界屋脊”之称的珠穆朗玛峰的能力。

由于天鹅飞得很高，所以被古人用来比喻志向高远。而第一个用鸿鹄来比喻志向高远的人就是陈胜。

陈胜是秦朝人，他是我国历史上第一位农民起义的领袖，带领农民造了秦始皇的儿子秦二世的反。

秦始皇当了皇帝以后，大兴土木、滥用民力，推行暴政，人民生活在水深火热之中。秦二世当了皇帝后比他父亲更加暴虐，老百姓被压榨得喘不过气来，还被抓去服徭役。

造反前，陈胜只是一个被雇的农民。有一天，在地里干活的陈胜突然对好朋友说：如果哪天我们都变有钱了，不要忘了对方啊！但是对方苦涩地笑了笑：“别开玩笑了，像我们这些种地的人，什么时候才能有钱呢？”陈胜马上反驳道：“小麻雀怎么知道鸿鹄的志向呢！”

不久，陈胜就被抽去服徭役。同去的还有九百多人。在奔往渔阳的途中，遇到了大雨，按秦时规定，不能在规定的日期内到达目的地，服徭役者将会被杀头。反正去了也是死，不去也是死，还不如造反呢，说不定还能有逃生的一线希望！

于是，陈胜和吴广就带领大家造反了！没想到，陈胜这一呼，响应者众多，陈胜还成了大王。后人就用鸿鹄来比喻有志向的人。

喜鹊象征吉兆

喜鹊，是一种常见的鸟，也是杂食类鸟，主要以植物的种子、蝗虫、金龟子等为食。一想到喜鹊的“喜”字，就能猜出它是一种吉祥鸟。关于喜鹊报喜，有这样一个传说：

唐代，有个叫黎景逸的人，他家门前树上有一个喜鹊巢。平日里他喜欢拿一些食物喂鹊巢里的喜鹊。渐渐地，他和喜鹊产生了感情，喜鹊也喜欢和他在一起。后来有一次，他因为被人陷害而进了死牢。有一天，他对着监狱的窗户发呆的时候，突然发现了自己经常喂食的那只喜鹊。他十分高兴，心想也许不久自己便会被释放。果然，几天之后，传来皇上的圣旨，他被释放了。黎景逸到后来才知道，原来是那只喜鹊变成了人的模样，假传圣旨，才将他释放出来的。

有了这些神话传说，喜鹊在人们心中自然就成了一种非常吉祥的鸟。其实，喜鹊在不同的地方有不同的象征意义，不过无一例外都包含着“吉祥”。比如，两只喜鹊在一起，人们称为“喜相逢”；喜鹊登上梅花的枝头，人们称为“喜上眉（梅）梢”；一只喜鹊站在枝头与地上的獾对着叫，人们称为“欢天（獾）喜地”。

鹤象征长寿

鹤，是鹤科鸟类的通称，鹤属于大型涉禽。鹤科鸟类在东亚地区最多，其中我国有9种，占世界15种鹤的一大半。而且，这9种鹤全被纳入国家重点保护野生动物的名单。它们分别是：丹顶鹤、灰鹤、蓑羽鹤、白鹤、白枕鹤、白头鹤、黑颈鹤、赤颈鹤、沙丘鹤。其中丹顶鹤广为人知，分布较广、种族较多的当属灰鹤。

这9种鹤种还有几项"最"字，比如体型最大的鹤是黑颈鹤，体型最小的鹤是蓑羽鹤，人们最少见的鹤是沙丘鹤。

鹤属鸟类，大多羽毛呈洁白色，少数在羽翼和尾处杂糅灰色或呈黑色。它们常常在河岸，湿地，溪水处捕获小鱼虾、昆虫、软体动物等，也吃一些幼嫩的植物根茎、芽苗、种子等。

鹤属鸟类既能飞翔，也能在陆地上奔跑。其最大的特色是，它们在睡眠的时候，常单腿直立，并扭颈把头放在背上或者将嘴插入羽毛内，样子看起来十分潇洒。

在中国传统文化中，鹤的地位极高，被称为"仙鹤"。它的形态、羽毛、睡姿等特征，象征着圣洁、清雅、长寿与吉祥。传统文化中的诸多文化词汇都是以鹤为根。比如鹤发童颜，形容人虽头发花白，但面容依然年轻；鹤发松姿，形容人老犹健；松鹤长春、松鹤延年、鹤寿松龄等，用来形容老人长寿。

不过，随着人类开发、工业污染等，导致鹤的栖息之地受到污染与破坏，很多鹤属鸟类失去了可以生存的空间，并有濒临灭绝的危险。这就警示人类需要从自我做起，呵护环境、关爱动物，共同建造一个生态环境和传统文化两相宜的美好家园。

鸟类给人类科技以启发

关键词：鸟类、人类、启发、科技发明

导　读：受鸟类的生理结构和功能的启发，人类不但制造出很多的科技产品，还以此改进房屋的结构以及工艺流程。

从理想走向现实：鸟类的贡献

古人看着在天空中翱翔的小鸟，心生羡慕之情。他们就想，如果人类也能够像鸟一样飞翔该多好啊！为了能够飞翔，有人就制作了一对翅膀，然后绑在身上，从高处往低处飞。不过，他们始终都没有成功。于是,很多人就将这些背着翅膀想要飞翔的人称为“鸟人”。

后来，一个叫鲁班的能工巧匠受到鸟类的启发，研制了一个木鸟，但遗憾的是，木鸟并不能飞翔。后人还不甘心，既然鸟类可以飞翔，聪明的人类也应该可以飞翔。终于在 1903 年，美国的莱特兄弟发明制造了飞机，人类才能在空中飞行，而此后，人类的飞行高度已经远远地超过了鸟类。

鸟类多种多样，它们的本领也各不相同。人类从鸟类各不相同的本领中学到了很多知识，并能够运用到高科技中去。

大家都知道，鹰的眼睛十分敏锐，它能够很快地锁定地面上的目标，并能快速地捕获它们。人类就将鹰的这种本领运用到现代电子光学科技中，帮助在高空中作业的飞行员快速识别出地面上的目标。此外，它还能够帮助导弹系统锁定目标。

企鹅也是人类的一名导师。由于它能够在雪地上稳步行走，前苏联就根据它的身体结构原理，制造出了企鹅牌极地越野汽车。这种汽车在冰天雪地开着的时候，可以用宽阔的底部贴在雪地上，用轮勺推动着车身前进，不但方便在极地运输物品，还可以在泥泞的道路上畅通无阻。

由于受鸟类的生理结构和功能的启发,人类不但制造出很多科技产品,还以此改进房屋的结构以及工艺流程。

比如:天鹅红掌拨清波的场景,让人类创造了水上飞机;猫头鹰悄无声息地飞行,让人类改进了飞机;受鸽子对地震的敏感性的启发,人类学着预测地震……

所以,鸟类不但是我们的朋友,还让我们从中学到很多东西。人类应该善待鸟类。